排污单位自行监测技术指南教程

——水泥工业

生态环境部生态环境监测司
中国环境监测总站
辽宁省生态环境监测中心　编著
江苏省南京环境监测中心

中国环境出版集团·北京

图书在版编目（CIP）数据

排污单位自行监测技术指南教程. 水泥工业 / 生态
环境部生态环境监测司等编著. -- 北京：中国环境出版
集团，2025. 3. -- ISBN 978-7-5111-6197-0

Ⅰ. X506；X781.5

中国国家版本馆CIP数据核字第2025QM0414号

责任编辑　殷玉婷
封面设计　宋　瑞

出版发行　中国环境出版集团
　　　　　（100062　北京市东城区广渠门内大街 16 号）
　　　　　网　　　址：http://www.cesp.com.cn
　　　　　电子邮箱：bjgl@cesp.com.cn
　　　　　联系电话：010-67112765（编辑管理部）
　　　　　发行热线：010-67125803，010-67113405（传真）
印　刷　北京中科印刷有限公司
经　销　各地新华书店
版　次　2025 年 3 月第 1 版
印　次　2025 年 3 月第 1 次印刷
开　本　787×960　1/16
印　张　14.75
字　数　280 千字
定　价　90.00 元

《排污单位自行监测技术指南教程》
编审委员会

主　任　　蒋火华　张大伟

副主任　　邢　核　王锷一

委　员　　董明丽　敬　红　王军霞　何　劲

《排污单位自行监测技术指南教程——水泥工业》
编写委员会

主　编　　刘通浩　王仁日　郭　杨　董艳平　王　成

　　　　　高晨光　敬　红　王军霞

编写人员（以姓氏笔画排序）

　　　　　孔　川　王伟民　王　勇　王　鑫　韦　起

　　　　　冯亚玲　叶鑫涛　任立博　任　向　刘　畅

　　　　　刘茂辉　刘常永　吕　卓　吕明益　孙　仓

　　　　　孙国翠　孙　昊　齐　硕　张　震　李宗超

　　　　　李莉娜　李　曼　杜谨宏　杨伟伟　杨依然

　　　　　邱立莉　陈　苗　陈敏敏　岳　元　柏　松

　　　　　赵文江　赵银慧　夏　青　徐　晗　秦承华

　　　　　钱永康　董　鑫

序

　　生态环境是关系党的使命宗旨的重大政治问题，也是关系民生的重大社会问题。党中央、国务院高度重视生态环境保护工作，党的十八大将生态文明建设作为中国特色社会主义事业"五位一体"总体布局的重要组成部分，党的十九大报告全面阐述了加快生态文明体制改革、推进绿色发展、建设美丽中国的战略部署，党的二十大报告明确指出全面实行排污许可制，健全现代环境治理体系。习近平生态文明思想开启了新时代生态环境保护工作的新阶段，习近平总书记在全国生态环境保护大会上指出生态文明建设是关乎中华民族永续发展的根本大计。党的十八大以来，党中央以前所未有的力度抓生态文明建设，全党全国推动绿色发展的自觉性和主动性显著增强，美丽中国建设迈出重大步伐，我国生态环境保护发生历史性、转折性、全局性变化。

　　生态环境部组建以来，统一行使生态和城乡各类污染排放监管与行政执法职责，提高污染排放标准，强化排污者责任，健全环保信用评价、信息强制性披露、严惩重罚等制度，形成了政府为主导、企业为主体、社会组织和公众共同参与的环境治理体系。生态环境监测是生态环境保护工作的重要基础，是环境管理的基本手段。我国相关法律法规中明确要求排污单位对自身排污状况开展监测，排污单位开展自行监测是法定的责任和义务。

　　为规范和指导排污单位开展自行监测工作，生态环境部发布了一系列排污单位自行监测技术指南。同时，为让各级生态环境主管部门和排污单位更好地应用技术指南，生态环境部生态环境监测司组织中国环境监测总站等单位编写了排污单位自行监测技术指南教程系列图书，将排污单位自行监测技术指南分类解析，既突出理论的解读，又兼顾实践的应用，具有很强的指导意义。本系列图书既可以作为各级生态环境主管部门、研究机构、企事业单位环境监测人员的工作用书和培训教材，还可以作为大众学习的科普图书。

　　自行监测数据承载了大量污染排放和治理信息，是生态环保大数据重要的信息源，是排污许可证申请与核发等新时期环境管理的有力支撑。随着生态环境质量的不断改善、环境管理的不断深化，排污单位自行监测制度也将不断完善和改进。希望本系列图书的出版能为提高排污单位自行监测管理水平、落实企业自行监测主体责任发挥重要作用，为深入打好污染防治攻坚战作出应有的贡献。

编　者

2024 年 9 月

前　言

　　1972 年以来，我国生态环境保护工作从最初的意识启蒙阶段，经历了环境污染蔓延和加剧期的规模化、综合化治理，主要污染物总量控制等阶段，逐渐发展到以环境质量改善为核心的环境保护思路上来。为顺应生态环境保护工作的发展趋势，进一步规范企事业单位和其他生产经营者的排污行为，控制污染物排放，2016 年以来，我国实施以排污许可制度为核心的固定污染源管理制度，在政府部门监督/执法监测的基础上，强化了排污单位自行监测要求，排污单位自行监测成为污染源监测的重要组成部分。

　　排污单位自行监测是排污单位依据相关法律、法规和技术规范对自身的排污状况开展监测的一系列活动。《中华人民共和国环境保护法》《中华人民共和国大气污染防治法》《中华人民共和国水污染防治法》《中华人民共和国土壤污染防治法》《中华人民共和国固体废物污染环境防治法》《中华人民共和国噪声污染防治法》《中华人民共和国环境保护税法》《排污许可管理条例》均对排污单位的自行监测提出了明确要求。排污单位开展自行监测是法律赋予的责任和义务，也是排污单位自证守法、自我保护的重要手段和途径。

为规范和指导水泥工业排污单位开展自行监测，2017 年 9 月，生态环境部颁布了《排污单位自行监测技术指南　水泥工业》（HJ 848—2017）。为进一步规范排污单位的自行监测行为，提高自行监测质量，在生态环境部生态环境监测司的指导下，中国环境监测总站、辽宁省生态环境监测中心和江苏省南京环境监测中心共同编写了《排污单位自行监测技术指南教程——水泥工业》。本书共分为 12 章。第 1 章从我国污染源监测的发展历程及管理框架出发，引出了排污单位自行监测在当前污染源监测管理中的定位及一些管理规定，并理顺了《排污单位自行监测技术指南　总则》（HJ 819—2017）与行业自行监测技术指南体系的关系。第 2 章主要介绍了排污单位开展自行监测的一般要求，从监测方案、监测设施、开展自行监测的要求、监测质量保证与质量控制以及监测数据记录和保存五个方面进行了概述。第 3 章在分析目前水泥工业概况和发展趋势的基础上对水泥工业的生产工艺及产排污节点进行了分析，并简要介绍了水泥工业采用的一些常用污染治理技术。第 4 章对水泥工业自行监测方案中监测点位、监测指标、监测频次、监测要求等如何设定进行了解释说明，并选取了 3 个典型案例进行分析，为排污单位制定规范的自行监测方案提供了指导，在附录中给出了参考模板。第 5 章简要介绍了开展监测时，排污口、监测平台、自动监测等的监测设施的设置与维护要求。第 6 章和第 7 章分别对水泥工业中废水、废气所涉及的监测指标如何采样、监测分析及注意事项进行了一一介绍。第 8 章主要对废气自动监测系统从设备安装、调试、验收、运行管理及质量保证五个方面进行了介绍。第 9 章简要介绍了根据水泥工业自行监测技术指南开展厂界环境噪声和土壤周边环境质量监测时的基本要求和注意事项。第 10 章从实验室体系管理角度出发，从"人、机、料、法、环"等环节对监测的质量保证与质量控制进行了简要概述，为提高自行监测数据质量奠定了基础。第 11 章介绍了自行监测信息记录、报告及信息公开方面的相关要求，并对水泥工业生产、运行等过程中的记录信息进行了梳理。第 12 章简要介绍了全国污染源监测数据管理与共享系统的总体架构和主要功能，为排污单位自行监测数据报送提供了方便。

本书在附录中列出了与自行监测相关的标准规范，以方便排污单位在使用时查询。另外，本书还给出了一些记录样表和自行监测方案模板，为排污单位提供参考。

编 者

2024 年 9 月

目　录

第1章 排污单位自行监测定位与管理要求

污染源监测作为环境监测的重要组成部分，与我国环境保护工作同步发展，40 多年来不断发展壮大，现已基本形成了排污单位自行监测、管理部门监督/执法监测、社会公众监督的基本框架。排污单位自行监测是国家治理体系和治理能力现代化发展的需要，是排污单位应尽的社会责任，是法律明确要求的责任，也是排污许可制度的重要组成部分。我国关于排污单位自行监测的管理规定有很多，从不同层级和角度对排污单位进行了详细规定。为了保证排污单位自行监测制度的实施，指导和规范排污单位自行监测行为，我国制定了排污单位自行监测技术指南体系。《排污单位自行监测技术指南　水泥工业》（HJ 848—2017）（以下简称《水泥工业指南》）是其中的一个行业技术指南，是按照《排污单位自行监测技术指南　总则》（HJ 819—2017）（以下简称《总则》）的要求和有关管理规定制定的，用于指导水泥工业排污单位开展自行监测活动。

本章围绕排污单位自行监测定位和管理要求，对排污单位自行监测在我国污染源监测管理制度中的定位、排污单位自行监测管理要求、排污单位自行监测技术指南的定位及总体思路进行介绍。

1.1 我国污染源监测管理框架

1972 年以来,我国环境保护工作经历了环境保护意识启蒙阶段(1972—1978 年)、环境污染蔓延和环境保护制度建设阶段（1979—1992 年）、环境污染加剧和规模化治理阶段（1993—2001 年）、环保综合治理阶段（2002—2012 年）。集中的污染治理，尤其是严格的主要污染物总量控制，有效遏制了环境质量恶化的趋势，但仍未实现环境质量的全面改善。"十三五"以来，我国环境保护的思路转向以环境质量改善为核心。

与环境保护工作相适应，我国环境监测大致经历了三个阶段：第一阶段是污染调查监测与研究性监测阶段；第二阶段是污染源监测与环境质量监测并重阶段；第三阶段是环境质量监测与污染源监督监测阶段。

根据污染源监测在环境管理中的地位和实施情况，将污染源监测划分为 3 个阶段：严格的总量控制制度之前（"十一五"之前），污染源监测主要服务于工业污染源调查和环境管理"八项制度"；严格的总量控制制度时期（"十一五"和"十二五"），污染源监测围绕总量控制制度开展总量减排监测；以环境质量改善为核心阶段时期（"十三五"以来），污染源监测主要服务于环境保护执法和排污许可制实施。

目前，我国基本形成了排污单位自行监测、生态环境主管部门依法监管、社会公众监督的污染源监测管理框架体系（图 1-1），2021 年 3 月 1 日正式实施的《排污许可管理条例》，从法律层面确立了以排污许可制为核心的固定污染源监管制度体系，进一步完善了排污单位以自行监测为主线、以政府监督监测为抓手，鼓励社会公众广泛参与的污染源监测管理模式。排污单位开展自行监测，按要求向生态环境主管部门报告，向社会公众进行公开，同时接受生态环境主管部门的监管和社会公众的监督。生态环境主管部门向社会公众公布相关信息的同时受理社会公众针对有关情况的举报。

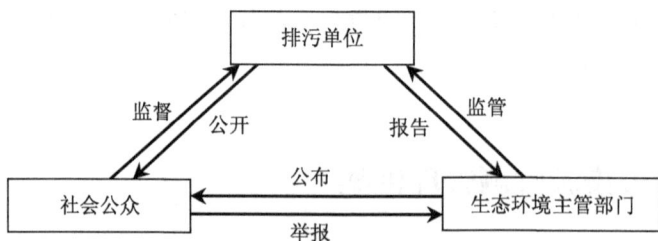

图 1-1　污染源监测管理框架体系

1.1.1　排污单位开展自行监测，并按照要求进行信息公开

近年来，我国大力推进排污单位自行监测和信息公开，《中华人民共和国环境保护法》《中华人民共和国大气污染防治法》《中华人民共和国水污染防治法》《中华人民共和国环境保护税法》《中华人民共和国土壤污染防治法》《中华人民共和国固体废物污染环境防治法》《中华人民共和国噪声污染防治法》等相关法律中均明确了排污单位自行监测和信息公开的责任。

在具体生态环境管理制度上，多项制度将排污单位自行监测和信息公开的责任进行落实和明确。2013 年，环境保护部发布了《国家重点监控企业自行监测及信息公开办法（试行）》（环发〔2013〕81 号），将国家重点监控企业自行监测和信息公开率先作为主要污染物总量减排考核的一项指标。2016 年 11 月，国务院办公厅印发了《控制污染物排放许可制实施方案》（国办发〔2016〕81 号），提出控制污染物排放许可制的一项基本原则："权责清晰，强化监管。排污许可证是企事业单位在生产运营期接受环境监管和环境保护部门实施监管的主要法律文书。企事业单位依法申领排污许可证，按证排污，自证守法。环境保护部门基于企事业单位守法承诺，依法发放排污许可证，依证强化事中事后监管，对违法排污行为实施严厉打击。"

1.1.2　生态环境主管部门组织开展监督/执法监测，实现测管协同

随着各项法律明确了排污单位自行监测的主体地位，管理部门的监测活动更加聚焦于执法和监督。《生态环境监测网络建设方案》（国办发〔2015〕56 号）要求：实现生态环境监测与执法同步。各级环境保护部门依法履行对排污单位的环境监管职责，依托污染源监测开展监管执法，建立监测与监管执法联动快速响应机制，根据污染物排放和自动报警信息，实施现场同步监测与执法。

《生态环境监测规划纲要（2020—2035 年）》（环监测〔2019〕86 号）（以下简称《纲要》）提出：构建"国家监督、省级统筹、市县承担、分级管理"格局。落

实自行监测制度，强化自行监测数据质量监督检查，督促排污单位规范监测、依证排放，实现自行监测数据真实、可靠。建立完善监督制约机制，各级生态环境部门依法开展监督监测和抽查抽测。为落实《纲要》要求，各级生态环境主管部门按照"双随机、一公开"的原则，组织开展执法监测。通过排污单位证后监测监管，加强对排污单位自行监测数据质量和污染排放状况的监督，指导排污单位自行监测工作的改进，从而更好地提升排污单位自行监测水平。

《关于进一步加强固定污染源监测监督管理的通知》（环办监测〔2023〕5号）进一步提出，坚持精准治污、科学治污、依法治污，以固定污染源排污许可制为核心，构建排污单位依证监测、政府依法监管、社会共同监督的固定污染源监测监督管理的新格局，为深入打好污染防治攻坚战提供有力支撑。

1.1.3 社会公众参与监督，合力提升污染源监测质量

我国污染源量大面广，仅靠生态环境主管部门的监督远远不够，因此只有发动群众、实现全民监督，才能使违法排污行为无处遁形。2014年修订的《中华人民共和国环境保护法》更加明确地赋予了公众环保知情权和监督权："公民、法人和其他组织依法享有获取环境信息、参与和监督环境保护的权利。各级人民政府环境保护主管部门和其他负有环境保护监督管理职责的部门，应当依法公开环境信息、完善公众参与程序，为公民、法人和其他组织参与和监督环境保护提供便利。"

排污单位通过各种方式公开自行监测结果，包括依托排污许可制度及平台、依托地方污染源监测信息公开渠道、通过本单位官方网站和现场环保信息公示牌等。生态环境主管部门监督/执法监测结果也依托排污许可制度及平台、依托地方污染源监测信息公开渠道等方式进行公开。社会公众可通过关注各类监测数据对排污单位及管理部门进行监督，督促排污单位和管理部门提高数据质量。

1.2　排污单位自行监测的定位

1.2.1　开展自行监测是构建政府、企业、社会共治的环境治理体系的需要

（1）构建现代环境治理体系的重大意义和总体要求

生态环境治理体系和治理能力是生态环境保护工作推进的基础支撑。2018 年 5 月，习近平总书记在全国生态环境保护大会上强调，要加快建立健全以治理体系和治理能力现代化为保障的生态文明制度体系，确保到 2035 年，生态环境质量实现根本好转，美丽中国目标基本实现；到 21 世纪中叶，生态环境领域国家治理体系和治理能力现代化全面实现，建成美丽中国。

党的十九大报告中提出构建政府为主导、企业为主体、社会组织和公众共同参与的环境治理体系。党的十九届四中全会将生态文明制度体系建设作为坚持和完善中国特色社会主义制度、推进国家治理体系和治理能力现代化的重要组成部分并作出安排部署，强调实行最严格的生态环境保护制度，严明生态环境保护责任制度，要求健全源头预防、过程控制、损害赔偿、责任追究的生态环境保护体系，构建以排污许可制为核心的固定污染源监管制度体系，完善污染防治区域联动机制和陆海统筹的生态环境治理体系。2020 年 3 月，中共中央办公厅、国务院办公厅印发了《关于构建现代环境治理体系的指导意见》，提出建立健全环境治理的领导责任体系、企业责任体系、全民行动体系、监管体系、市场体系、信用体系、法律法规政策体系的具体要求。党的二十大报告提出深入推进环境污染防治，坚持精准治污、科学治污、依法治污，全面实行排污许可制，健全现代环境治理体系。

构建现代环境治理体系，是深入贯彻习近平生态文明思想和全国生态环境保护大会精神的重要举措，是持续加强生态环境保护、满足人民日益增长的优美生

态环境需要、建设美丽中国的内在要求，是完善生态文明制度体系、推动国家治理体系和治理能力现代化的重要内容，还将充分展现生态环境治理的中国智慧、中国方案和中国贡献，对全球生态环境治理进程产生重要影响。

坚决落实构建现代环境治理体系，要把握构建现代环境治理体系的总体要求。以习近平新时代中国特色社会主义思想为指导，深入贯彻习近平生态文明思想，坚定不移贯彻新发展理念，以坚持党的集中统一领导为统领，以强化政府主导作用为关键，以深化企业主体作用为根本，以更好动员社会组织和公众共同参与为支撑，实现政府治理和社会调节、企业自治良性互动，完善体制机制，强化源头治理，形成工作合力。

（2）对排污单位自行监测的要求

污染源监测是污染防治的重要支撑，需要各方共同参与。为适应环境治理体系变革的需要，自行监测应发挥相应的作用，补齐短板，提供便利，为社会共治提供条件。

应改变传统生态环境治理模式中污染治理主体监测缺位现象。长期以来，污染源监测以政府部门监督性监测为主，尤其在"十一五""十二五"总量减排时期，监督性监测得到快速发展，每年对国家重点监控企业按季度开展主要污染物监测，而排污单位在污染源监测中严重缺位。2013年，为了解决单纯依靠环境保护部门有限的人力和资源难以全面掌握企业污染源状况的问题，环境保护部组织编制了《国家重点监控企业自行监测及信息公开办法（试行）》，大力推进企业开展自行监测。2014年以来，多部生态环境保护相关法律明确了排污单位自行监测的责任和要求。但是，自行监测数据的法定地位以及如何在环境管理中应用并没有明确，自行监测数据在环境管理中的应用更是不足，并未从根本上解决排污单位在环境治理体系中监测缺位的问题。新的环境治理体系应改变这一现状，使自行监测数据得到充分应用，才能保持多方参与的生命力和活力。

为公众提供便于获取、易于理解的自行监测信息。公众是社会共治环境治理体系的重要主体，公众参与的基础是及时获取信息，自行监测数据是反映排放状况的重要信息。社会的变革为公众参与提供了外在便利条件，为了提高自行监测在环境治理体系中的作用，就要充分利用自媒体、社交媒体等各种先进、便利的条件，为公众提供便于获取、易于理解的自行监测数据和基于数据加工而成的相关信息，为公众高效参与提供重要依据。

1.2.2　开展自行监测是社会责任和法定义务

企业是生产活动的组织者、实施者，是社会财富的创造者，企业在追求自身利润的同时，向社会提供了产品，满足了人民的日常所需，推进了社会的进步。当然，在当代社会，由于企业是社会中普遍存在的社会组织，其数量众多、类型各异、存在范围广、对社会影响最大。在这种情况下，社会的发展不仅要求企业承担生产经营和创造财富的义务，还要求其承担环境保护、社区建设和消费者权益维护等多方面的责任，这也是企业的社会责任。企业社会责任具有道义责任的属性和法律义务的属性。法律作为一种调整人们行为的规则，其调整作用是通过设置权利义务实现的。因而，法律义务并非一种道义上的宣示，其有具体的、明确的规则指引人的行为。基于此，企业社会责任一旦进入环境法视域，即被分解为具体的法律义务。

企业开展排污状况自行监测是法定的责任和义务。《中华人民共和国环境保护法》第四十二条明确规定，"重点排污单位应当按照国家有关规定和监测规范安装使用监测设备，保证监测设备正常运行，保存原始监测记录"；第五十五条要求，"重点排污单位应当如实向社会公开其主要污染物的名称、排放方式、排放浓度和总量、超标排放情况，以及防治污染设施的建设和运行情况，接受社会监督"。《中华人民共和国大气污染防治法》《中华人民共和国水污染防治法》《中华人民共和国环境保护税法》《中华人民共和国土壤污染防治法》《中华人民共和国固体废物污染环境防治法》等相关法律中也有排污单位自行监测的相关要求。

1.2.3 开展自行监测是自证守法和自我保护的重要手段和途径

排污许可制度是固定污染源核心管理制度，其明确了排污单位自证守法的权利和责任，排污单位可以通过以下途径进行"自证"。一是依法开展自行监测，保证数据合法有效，妥善保存原始记录；二是建立准确完整的环境管理台账，记录能够证明其排污状况的相关信息，形成一套完整的证据链；三是定期、如实向生态环境部门报告排污许可证执行情况。可以看出，自行监测贯穿自证守法的全过程，是自证守法的重要手段和途径。

首先，排污单位被允许在标准限值下排放污染物，排放状况应该透明公开且合规。随着管理模式的改变，管理部门不对企业全面开展监测，仅对企业进行抽查抽测。排污单位对排放状况进行说明时，就需要开展自行监测。

其次，一旦出现排污单位对管理部门出具的监测数据或其他证明材料被质疑的情况，或者排污单位对公众举报等相关信息提出异议时，就需要出具自身排污状况的相关材料进行证明，而自行监测数据是非常重要的证明材料。

最后，自行监测可以定期监控自身排污状况，也可以对周边环境质量影响进行监测，及时掌握实际排污状况及其对周边环境质量的影响，了解周边环境质量的变化趋势和承受能力，可以及时识别潜在环境风险，以便提前应对，避免引起更大的、无法挽救的环境事故或对人民群众、生态环境和排污单位自身造成巨大损害和损失。

1.2.4 开展自行监测是排污许可制度的重要组成部分

《控制污染物排放许可制实施方案》（国办发〔2016〕81号）明确了排污单位应实行自行监测和定期发布报告。《排污许可管理条例》第十九条规定："排污单位应当按照排污许可证规定和有关标准规范，依法开展自行监测，并保存原始监测记录。原始监测记录保存期限不得少于5年。排污单位应当对自行监测数据的真实性、准确性负责，不得篡改、伪造。"

因此，自行监测既是一项有明确法律法规要求的管理制度，也是固定污染源基础与核心管理制度——排污许可制度的重要组成部分。

1.2.5 开展自行监测是精细化管理与大数据时代信息化的需要

随着环境管理向精细化发展，强化数据应用、根据数据分析识别潜在的环境问题，作出更加科学精准的环境管理决策是环境管理面临的重大命题。在大数据时代，信息化水平的提升为监测数据的加工分析提供了条件，也对数据输入提出了更高的要求。

自行监测数据承载了大量污染排放和治理信息，然而这些信息长期以来并没有得到充分收集和利用，这是生态环境大数据中缺失的一项重要信息源。通过收集各类污染源长时间的监测数据，对同类污染源监测数据进行统计分析，可以更全面地判定污染源的实际排放水平，从而为制定排放标准和产排污系数提供科学依据。另外，通过监测数据与其他数据的关联分析，还能获得更多、更有价值的信息，为环境管理提供更有力的支撑。

1.3 排污单位自行监测的管理规定

我国现行法律法规、管理办法中有很多涉及排污单位自行监测的规定，具体见表 1-1。

表 1-1 我国现行与排污单位自行监测相关的法律法规和管理规定

名称	颁布机关	实施时间	主要相关内容
《中华人民共和国海洋环境保护法》	全国人民代表大会常务委员会	2024 年 1 月 1 日	规定了排污单位应当依法公开排污信息
《中华人民共和国水污染防治法》	全国人民代表大会常务委员会	2008 年 6 月 1 日（2017 年 6 月 27 日修正）	规定了实行排污许可管理的企事业单位和其他生产经营者应当对所排放的水污染物自行监测，并保存原始监测记录，排放有毒有害水污染物的还应开展周边环境监测，上述条款均设有对应罚则

名称	颁布机关	实施时间	主要相关内容
《中华人民共和国环境保护法》	全国人民代表大会常务委员会	2015年1月1日	规定了重点排污单位应当安装使用监测设备，保证监测设备正常运行，保存原始监测记录，并进行信息公开
《中华人民共和国大气污染防治法》	全国人民代表大会常务委员会	2016年1月1日（2018年10月26日修正）	规定了企事业单位和其他生产经营者应当对大气污染物进行监测，并保存原始监测记录
《中华人民共和国环境保护税法》	全国人民代表大会常务委员会	2018年1月1日（2018年10月26日修正）	规定了纳税人按季申报缴纳时，应向税务机关报送所排放应税污染物浓度值
《中华人民共和国土壤污染防治法》	全国人民代表大会常务委员会	2019年1月1日	规定了土壤污染重点监管单位应制定、实施自行监测方案，并将监测数据报生态环境主管部门
《中华人民共和国固体废物污染环境防治法》	全国人民代表大会常务委员会	2020年9月1日	规定了产生、收集、贮存、运输、利用、处置固体废物的单位，应当依法及时公开固体废物污染环境防治信息，主动接受社会监督。 生活垃圾处理单位应当按照国家有关规定，安装使用监测设备，实时监测污染物的排放情况，将污染排放数据实时公开。监测设备应当与所在地生态环境主管部门的监控设备联网
《中华人民共和国刑法修正案（十一）》	全国人民代表大会常务委员会	2021年3月1日	规定了环境监测造假的法律责任
《中华人民共和国噪声污染防治法》	全国人民代表大会常务委员会	2022年6月5日	规定了实行排污许可管理的单位应当按照规定，对工业噪声开展自行监测，保存原始监测记录，向社会公开监测结果，对监测数据的真实性和准确性负责。噪声重点排污单位应当按照国家规定，安装、使用、维护噪声自动监测设备，与生态环境主管部门的监控设备联网
《城镇排水与污水处理条例》	国务院	2014年1月1日	规定了排水户应按照国家有关规定建设水质、水量检测设施
《畜禽规模养殖污染防治条例》	国务院	2014年1月1日	规定了畜禽养殖场、养殖小区应当定期将畜禽养殖废物排放情况报县级人民政府环境保护主管部门备案
《中华人民共和国环境保护税法实施条例》	国务院	2018年1月1日	规定了未安装自动监测设备的纳税人，自行对污染物进行监测且所获取的监测数据符合国家有关规定和监测规范的，视同监测机构出具的监测数据，可作为计税依据

名称	颁布机关	实施时间	主要相关内容
《排污许可管理条例》	国务院	2021 年 3 月 1 日	规定了持证单位自行监测责任,管理部门依证监管责任
《最高人民法院最高人民检察院关于办理环境污染刑事案件适用法律若干问题的解释》	最高人民法院、最高人民检察院	2017 年 1 月 1 日	规定了重点排污单位篡改、伪造自动监测数据或者干扰自动监测设施的视为严重污染环境,并依据《中华人民共和国刑法》有关规定予以处罚
《环境监测管理办法》	国家环境保护总局	2007 年 9 月 1 日	规定了排污者必须按照国家及技术规范的要求,开展排污状况自我监测;不具备环境监测能力的排污者,应当委托环境保护部门所属环境监测机构或者经省级环境保护部门认定的环境监测机构进行监测
《污染源自动监控设施现场监督检查办法》	环境保护部	2012 年 4 月 1 日	规定:①排污单位或运营单位应当保证自动监测设备正常运行;②污染源自动监控设施发生故障停运期间,排污单位或者运营单位应当采用手工监测等方式,对污染物排放状况进行监测,并报送监测数据
《关于加强污染源环境监管信息公开工作的通知》	环境保护部	2013 年 7 月 12 日	规定了各级环保部门应积极鼓励引导企业进一步增强社会责任感,主动自愿公开环境信息。同时严格督促超标或者超总量的污染严重企业,以及排放有毒有害物质的企业主动公开相关信息,对不依法主动公布或不按规定公布的要依法严肃查处
《关于印发〈国家重点监控企业自行监测及信息公开办法(试行)〉和〈国家重点监控企业污染源监督性监测及信息公开办法(试行)〉的通知》	环境保护部	2014 年 1 月 1 日	规定了企业开展自行监测及信息公丌的各项要求,包括自行监测内容、自行监测方案,对通过手工监测和自动监测两种方式开展的自行监测分别提出了监测频次要求,自行监测记录内容,自行监测年度报告内容,自行监测信息公开的途径、内容及时间要求等
《环境保护主管部门实施限制生产、停产整治办法》	环境保护部	2015 年 1 月 1 日	规定了被限制生产的排污者在整改期间按照环境监测技术规范进行监测或者委托有条件的环境监测机构开展监测,保存监测记录,并上报监测报告

名称	颁布机关	实施时间	主要相关内容
《生态环境监测网络建设方案》	国务院办公厅	2015 年 7 月 26 日	规定了重点排污单位必须落实污染物排放自行监测及信息公开的法定责任，严格执行排放标准和相关法律法规的监测要求
《关于支持环境监测体制改革的实施意见》	财政部、环境保护部	2015 年 11 月 2 日	规定了落实企业主体责任，企业应依法自行监测或委托社会化检测机构开展监测，及时向环保部门报告排污数据，重点企业还应定期向社会公开监测信息
《关于加强化工企业等重点排污单位特征污染物监测工作的通知》	环境保护部办公厅	2016 年 9 月 20 日	规定：①化工企业等排污单位应制定自行监测方案，对污染物排放及周边环境开展自行监测，并公开监测信息；②监测内容应包含排放标准的规定项目和涉及的列入污染物名录库的全部项目；③监测频次，自动监测的应全天连续监测，手工监测的，废水特征污染物监测每月开展一次，废气特征污染物监测每季度开展一次，周边环境监测按照环评及其批复执行，可根据实际情况适当增加监测频次
《控制污染物排放许可制实施方案》	国务院办公厅	2016 年 11 月 10 日	规定了企事业单位应依法开展自行监测，安装或使用的监测设备应符合国家有关环境监测、计量认证规定和技术规范，建立准确完整的环境管理台账，安装在线监测设备的应与环境保护部门联网
《关于实施工业污染源全面达标排放计划的通知》	环境保护部	2016 年 11 月 29 日	规定：①各级环保部门应督促、指导企业开展自行监测，并向社会公开排放信息；②对超标排放的企业要督促其开展自行监测，加大对超标因子的监测频次，并及时向环保部门报告；③企业应安装和运行污染源在线监控设备，并与环保部门联网
《关于深化环境监测改革　提高环境监测数据质量的意见》	中共中央办公厅、国务院办公厅	2017 年 9 月 21 日	规定了环境保护部要加快完善排污单位自行监测标准规范；排污单位要开展自行监测，并按规定公开相关监测信息，对弄虚作假行为要依法处罚；重点排污单位应当建设污染源自动监测设备，并公开自动监测结果

名称	颁布机关	实施时间	主要相关内容
《企业环境信息依法披露管理办法》	生态环境部	2022 年 2 月 8 日	规定了企业（包括重点排污单位）应当依法披露环境信息，包括企业自行监测信息等
《关于加强排污许可执法监管的指导意见》	生态环境部	2022 年 3 月 28 日	规定了排污单位应当提高自行监测质量。确保申报材料、环境管理台账记录、排污许可证执行报告、自行监测数据的真实、准确和完整，依法如实在全国排污许可证管理信息平台上公开信息，不得弄虚作假，自觉接受监督
《环境监管重点单位名录管理办法》	生态环境部	2023 年 1 月 1 日	规定了环境监管重点单位应当依法履行自行监测、信息公开等生态环境法律义务，采取措施防治环境污染，防范环境风险
《关于进一步加强固定污染源监测监督管理的通知》	生态环境部办公厅	2023 年 3 月 8 日	规定了生态环境部门要加强排污单位自行监测监管，督促持证排污单位按照排污许可证要求，规范开展自行监测，并公开监测结果；督促重点排污单位、实行排污许可重点管理的排污单位，依法依规安装运维自动监测设备，并与生态环境部门联网；强化排污许可管理、环境监测、环境执法联动，形成管理闭环

注：截至 2024 年 1 月 1 日。

1.4　排污单位自行监测技术指南的定位

1.4.1　排污许可制度配套的技术支撑文件

排污许可制度是各国普遍采用的控制污染的法律制度。从美国等发达国家实施排污许可制度的经验来看，监督检查是排污许可制度实施效果的重要保障；污染源监测是监督检查的重要组成部分和基础；自行监测是污染源监测的主体形式，其管理备受重视，并作为重要的内容在排污许可证中载明。

我国当前推行的排污许可制度明确了企业应"自证守法",其中自行监测是排污单位自证守法的重要手段和方法。只有在特定监测方案下的监测数据才能够达到排污许可"自证"的要求。因此,在排污许可制度中,自行监测要求是必不可少的一部分。

重点排污单位自行监测法律地位得到明确,自行监测制度初步建立,而自行监测的有效实施还需要有配套的技术文件作为支撑,《排污单位自行监测技术指南》是基础且重要的技术指导性文件。因此,制定《排污单位自行监测技术指南》是落实相关法律法规的需要。

1.4.2 对现有标准和管理文件中关于排污单位自行监测规定的补充

对每个排污单位来说,生产工艺产生的污染物、不同监测点位执行排放标准和控制指标、环评报告要求的内容都有不同情况及独特内容。虽然各种监测技术标准与规范已从不同角度对排污单位的监测内容作出了规定,但不够全面。

为提高监测效率,应针对不同排放源污染物排放特性确定监测要求。监测是污染排放监管必不可少的技术支撑,具有重要的意义,但是监测是需要成本的,所以应在监测效果和成本间寻找合理的平衡点。"一刀切"的监测要求,必然会导致部分排放源监测要求过高,从而造成浪费;或者对部分排放源要求过低,从而达不到监管要求。因此,需要专门的技术文件,对排污单位监测要求进行系统的分析和设计,使监测更精细化,从而提高监测效率。

1.4.3 对排污单位自行监测行为指导和规范的技术要求

我国自2014年起开始推行《国家重点监控企业自行监测及信息公开办法(试行)》,从实施情况来看存在诸多问题,需要加强对排污单位自行监测行为的指导和规范。

与环境质量监测相比,污染源监测涉及的行业较多,监测内容更为复杂。我国目前仅国家污染物排放标准就有近200项,且数量还在持续增加;省级人民政府依法制定并报生态环境部备案的地方污染物排放标准有100多项,数量也在不断增加。排放标准中的控制项目种类繁杂，水污染物、大气污染物均在 100 项以上。

　　由于国家发布的有关规定必须具有普适性和原则性的特点，因此排污单位在开展自行监测过程中如何结合企业具体情况合理确定监测点位、监测项目和监测频次等实际问题时面临着诸多疑问。

　　生态环境部在对全国各地自行监测及信息公开平台的日常监督检查及现场检查等工作中发现，部分排污单位自行监测方案的内容、监测数据的质量稍差，存在排污单位未包括全部排放口、监测点位设置不合理、监测项目仅涉及主要污染物、随意设置排放标准限值、自行监测数据弄虚作假等问题。为解决排污单位在自行监测过程中遇到的问题，需要进一步加强对排污单位自行监测的工作指导和行为规范，建立和完善排污单位自行监测相关规范内容，因此有必要制定自行监测技术指南，进一步明确和细化自行监测要求。

1.5　行业技术指南在自行监测技术指南体系中的定位和制定思路

1.5.1　自行监测技术指南体系

　　排污单位自行监测技术指南体系以《总则》为统领，包括一系列重点行业的分行业排污单位自行监测技术指南、若干通用工序自行监测技术指南以及 1 个环境要素自行监测技术指南，共同组成排污单位自行监测技术指南体系，见图 1-2。

　　《总则》在排污单位自行监测技术指南体系中属于纲领性文件，起到统一思路和要求的作用。第一，对行业技术指南总体性原则进行规定，是行业技术指南的参考性文件；第二，对于行业技术指南中必不可少但要求比较一致的内容，可以在《总则》中体现，在行业技术指南中加以引用，既保证一致性，也减少重复；第三，对于部分污染差异大、企业数量少的行业，单独制定行业技术指南意义不大，这类行业排污单位可以参照《总则》开展自行监测。行业技术指南未发布的行业，也应参照《总则》开展自行监测。

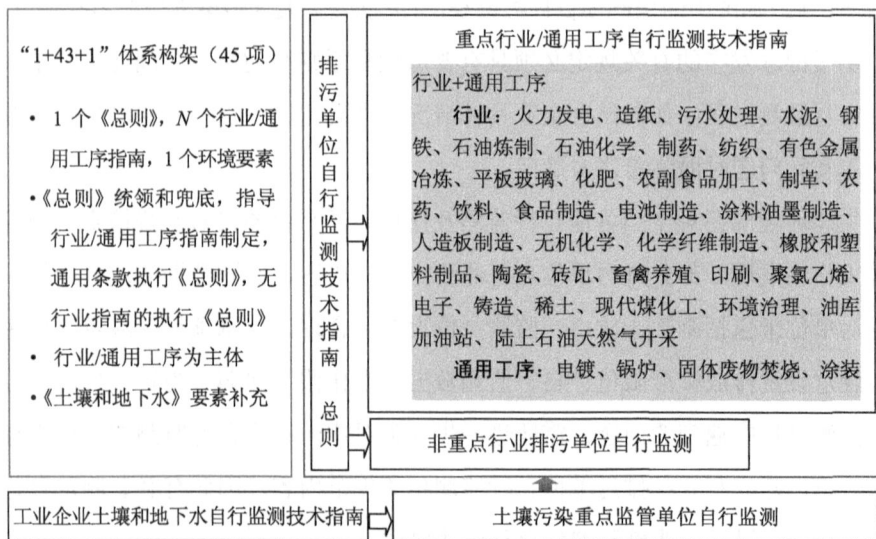

图 1-2 排污单位自行监测技术指南体系

1.5.2 行业排污单位自行监测技术指南是对《总则》的细化

行业技术指南是在《总则》的统一原则要求下，考虑该行业企业所有废水、废气、噪声污染源的监测活动，在指南中进行统一规定。行业排污单位自行监测技术指南的核心内容包括以下两个方面：

（1）监测方案。在指南中明确行业的监测方案。首先明确行业的主要污染源、各污染源的主要污染因子，针对各污染源的各污染因子提出监测方案设置的基本要求，包括监测点位、监测指标、监测频次、监测技术等。

（2）数据记录、报告和公开要求。根据行业特点，参照各参数或指标与校核污染物排放的相关性，提出监测相关数据记录要求。

除了行业技术指南中规定的内容，还应执行《总则》的要求。

1.5.3　水泥工业排污单位自行监测技术指南制定原则与思路

1.5.3.1　以《总则》为指导，根据行业特点进行细化

《水泥工业指南》的主体内容以《总则》为指导，根据《总则》确定的基本原则和方法，在对水泥工业产排污环节进行分析的基础上，结合水泥工业排污单位实际的排污特点，将水泥工业监测方案、信息记录的内容具体化和明确化。

1.5.3.2　以污染物排放标准为基础，全指标覆盖

污染物排放标准规定的内容是行业自行监测技术指南制定的重要基础。在污染物指标确定时，行业技术指南主要以当前实施的、适用于水泥工业的污染物排放标准为依据。

1.5.3.3　以满足排污许可制度实施为主要目标

《水泥工业指南》的制定以能够满足水泥工业排污许可制度实施为主要目标。

由于水泥工业不同企业实际存在的废气排放源差异较大，有些类型的废气源仅在少数水泥企业中存在，水泥工业排污许可证申请与核发技术规范中作为管控要素的源尽可能地纳入。

排污许可制度对主要污染物提出排放量许可限值，其他污染物仅有浓度限值要求。为了支撑排污许可制度实施对排放量核算的需求，有排放量许可限值的污染物，其监测频次一般高于其他污染物。此外，污染物指标监测频次的制定还需服务环境税核算，便于计算污染物实际排放量。

第2章 自行监测的一般要求

按照开展自行监测活动的一般流程，排污单位应查清本单位的污染源、污染物指标及潜在的环境影响，制定监测方案，设置和维护监测设施，按照监测方案开展自行监测，做好质量保证和质量控制，记录和保存监测数据，依法向社会公开监测结果。

本章围绕排污单位自行监测流程中的关键节点，对其中的关键问题进行介绍。制定监测方案时，应保证监测内容、监测指标、监测频次的全面性、科学性，确保监测数据的代表性，这样才能全面反映排污单位的实际排放状况；设置和维护监测设施时，应能够满足监测要求，同时为监测的开展提供便利条件；自行监测开展过程中，应该根据本单位实际情况自行监测或者委托有资质的单位开展监测，所有监测活动要严格按照监测技术规范执行；开展监测的过程中，应做好质量保证和质量控制，确保监测数据质量；监测信息记录与公开时，应保证监测过程可溯，同时按要求报送和公开监测结果，接受管理部门和公众的监督。

2.1 制定监测方案

2.1.1 自行监测内容

排污单位自行监测不仅限于污染物排放监测，还应该围绕本单位污染物排放状况、污染治理情况、对周边环境质量影响监测状况来确定监测内容。但考虑排污单位自行监测的实际情况，排污单位可根据管理要求，逐步开展自行监测。

2.1.1.1　污染物排放监测

污染物排放监测是排污单位自行监测的基本要求，包括废气污染物、废水污染物和噪声污染监测。废气污染物监测包括对有组织排放废气污染物和无组织排放废气污染物的监测。废水污染物监测可根据废水对水环境的影响程度来确定，而废水对水环境的影响程度主要取决于排放去向，包括直接排入环境（直接排放）和排入公共污水处理系统（间接排放）两种方式。噪声污染监测一般指厂界环境噪声监测。

2.1.1.2　周边环境质量影响监测

排污单位应根据自身排放对周边环境质量的影响情况，开展周边环境质量影响状况监测，从而掌握自身排放状况对周边环境质量影响的实际情况和变化趋势。

《中华人民共和国大气污染防治法》第七十八条规定，排放前款名录中所列有毒有害大气污染物的企事业单位，应当按照国家有关规定建设环境风险预警体系，对排放口和周边环境定期进行监测，评估环境风险，排查环境安全隐患，并采取有效措施防范环境风险。《中华人民共和国水污染防治法》第三十二条规定，排放前款名录中所列有毒有害水污染物的企事业单位和其他生产经营者，应当对排污口和周边环境进行监测，评估环境风险，排查环境安全隐患，并公开有毒有害水污染物信息，采取有效措施防范环境风险。

目前，我国已发布第一批有毒有害大气污染物名录和有毒有害水污染物名录。第一批有毒有害大气污染物包括二氯甲烷、甲醛、三氯甲烷、三氯乙烯、四氯乙烯、乙醛、镉及其化合物、铬及其化合物、汞及其化合物、铅及其化合物、砷及其化合物。第一批有毒有害水污染物包括二氯甲烷、三氯甲烷、三氯乙烯、四氯乙烯、甲醛、镉及其化合物、汞及其化合物、六价铬化合物、铅及其化合物、砷及其化合物。因此，排污单位可根据本单位实际情况，自行确定监测指标和内容。

对于污染物排放标准、环境影响评价文件及其批复或其他环境管理制度有明确要求的，排污单位应按照要求对其周边相应的空气、地表水、地下水、土壤等环境质量开展监测。对于相关管理制度没有明确要求的，排污单位应按照《中华人民共和国大气污染防治法》《中华人民共和国水污染防治法》的要求，根据实际情况确定是否开展周边环境质量影响监测。

2.1.1.3　关键工艺参数监测

污染物排放监测需要专门的仪器设备、人力和物力，经济成本较高。污染物排放状况与生产工艺、设备参数等相关指标有一定的关联性，而对这些生产工艺或设备相关参数的监测，有些是生产过程中必须的，有些虽然不是生产过程中必须监测的指标，但开展监测相对容易，成本较低。因此，在部分排放源或污染物指标监测成本相对较高、难以实现高频次监测的情况下，可以通过对与污染物产生和排放密切相关的关键工艺参数进行测试，以补充污染物排放监测数据。

2.1.1.4　污染治理设施处理效果监测

有些排放标准对污染治理设施处理效果作出限值要求，这就需要通过监测结果对处理效果作出评价。另外，在有些情况下，排污单位需要掌握污染处理设施的处理效果，从而可以更好地调试生产和污染治理设施。因此，污染物排放标准等环境管理文件对污染治理设施有特别要求的，或排污单位认为有必要的，应对污染治理设施处理效果进行监测。

2.1.2　自行监测方案内容

排污单位应当对本单位污染源排放状况进行全面梳理，分析潜在的环境风险，根据自行监测方案制定能够反映本单位实际排放状况的监测方案，以此作为开展自行监测的依据。

　　监测方案内容包括单位基本情况、监测点位及示意图、监测指标、执行标准及其限值、监测频次、采样和样品保存方法、监测分析方法和仪器、质量保证与质量控制等。

　　所有按照规定开展自行监测的排污单位，在投入生产或使用并产生实际排污行为之前，应完成自行监测方案的编制及相关准备工作。一旦发生排污行为，就应按照监测方案开展监测活动。

　　当发生以下情况时，应变更监测方案：执行的排放标准发生变化；排放口位置、监测点位、监测指标、监测频次、监测技术中的任意一项内容发生变化；污染源、生产工艺或处理设施发生变化。

2.2　设置和维护监测设施

　　开展监测必须有相应的监测设施。为了保证监测活动的正常开展，排污单位应按照规定设置监测所需要的设施。

2.2.1　监测设施应符合监测规范要求

　　开展废水、废气污染物排放监测，应保证现场设施条件符合相关监测方法或技术规范的要求，确保监测数据的代表性。因此，废水排放口、废气监测断面及监测孔的设置都有相应的要求，要保证水流、气流不受干扰且混合均匀，采样点位的监测数据能够反映监测时点污染物排放的实际情况。

　　我国废水、废气监测相关标准规范中规定了监测设施必须满足的条件，排污单位可根据具体的监测项目，对照监测方法标准和技术规范确定监测设施的具体设置要求。《排污口规范化整治技术要求（试行）》（环监〔1996〕470 号）对排污口规范化整治技术提出了总体要求，部分省（区、市）也对其辖区排污口的规范化管理发布了技术规定、标准，对排污单位监测设施设置要求予以明确。例如，北京市出台的《固定污染源监测点位设置技术规范》（DB 11/1195—2015）、山东省出台的《固定污染源废气监测点位设置技术规范》（DB 37/T 3535—2019）等。中国环境保护产业协会发布的《固定污染源废气排放口监测点位设置技术规范》（T/CAEPI 46—2022），对固定污染源监测点位监测设施设置规范进行了全面规定，也可以作为排污单位设置监测设施的重要参考。但总体来看，相关标准规范对监测设施的规定还比较零散、不够系统。

2.2.2　监测平台应便于开展监测活动

开展监测活动时需要一定的空间，有时还需要可供仪器设备使用的直流供电，因此排污单位应设置方便开展监测活动的平台，包括以下要求：一是到达监测平台要方便，可以随时开展监测活动；二是监测平台的空间要足够大，能够保证各类监测设备摆放和人员活动；三是监测平台要备有需要的电源等辅助设施，确保监测活动开展所必需的各类仪器设备和辅助设备能够正常工作。

2.2.3　监测平台应能保证监测人员的安全

开展监测活动的同时，必须保证监测人员的人身安全，因此监测平台要设有必要的防护设施。一是高空监测平台周边要有能够保障人员安全的围栏，监测平台底部的空隙不应过大；二是监测平台附近有造成人体机械伤害、灼烫、腐蚀、触电等的危险源，应在平台相应位置设置防护装置；三是监测平台上方有坠落物体隐患时，应在监测平台上方设置防护装置；四是排放剧毒、致癌物及对人体有严重危害物质的监测点位，应储备相应的安全防护装置。所有围栏、底板、防护装置使用的材料要符合相关质量要求，能够承受预估的最大冲击力，从而保障监测人员的安全。

2.2.4　废水排放量大于 100 t/d 的，应安装自动测流设施并开展流量自动监测

废水流量监测是废水污染物监测的重要内容。从某种程度上说，流量监测比

污染物浓度监测更重要。流量监测易受环境影响、监测结果存在一定的不确定性是国际上普遍存在的技术问题。但总体来看，流量监测技术日趋成熟，既能满足各种流量监测的需要，又能满足自动测流的需要。废水流量的监测方法有多种，根据废水排放形式，可分为电磁流量计监测和明渠流量计监测。其中，电磁流量计适用于管道排放，对流量范围的适用性较广。明渠流量计中，三角堰适用于流量较小的情况，监测范围低至 $1.08\ m^3/h$，即能够满足 30 t/d 的排放量。根据环境统计数据，全国废水排放量大于 30 t/d 的企业有 7.5 万家，约占企业总数的 79%；废水排放量大于 50 t/d 的企业有 6.7 万家，约占企业总数的 71%；废水排放量大于 100 t/d 的企业有 5.7 万家，约占企业总数的 60%。从监测技术稳定性和当前基础来看，建议废水排放量大于 100 t/d 的企业采取自动测流的方式。

2.3　开展自行监测

2.3.1　自行监测开展方式

在监测的组织方式上，开展监测活动时可以选择依托自有人员、设备、场地自行开展监测，也可以委托有资质的社会化检测机构开展监测。在监测技术手段上，无论是自行监测还是委托监测，都可以采用手工监测和自动监测的方式。排污单位自行监测活动开展方式选择流程如图 2-1 所示。

排污单位首先根据自行监测方案明确需要开展监测的点位、项目、频次，在此基础上根据不同监测项目的监测要求分析本单位是否具备开展自行监测的条件。具备监测条件的项目，可选择自行监测或委托监测；不具备监测条件的项目，排污单位可根据自身实际情况决定是否提升自身监测能力，以满足自行监测的条件。通过筹建实验室、购买仪器、聘用人员等方式满足自行开展监测条件的，可以选择自行监测。若排污单位委托社会化检测机构开展监测，需要按照不同监测项目检查拟委托的社会化检测机构是否具备承担委托监测任务的条件。若拟委托的社会化检测机构符合条件，则可委托社会化检测机构开展委托监测；若不符合条件，则应更换具备条件的社会化检测机构承担相应的监测任务。由此来说，排污单位开展自行监测有3种方式：全部自行监测、全部委托监测、部分自行监测部分委托监测。同一排污单位针对不同的监测项目，可委托多家社会化检测机构开展监测。

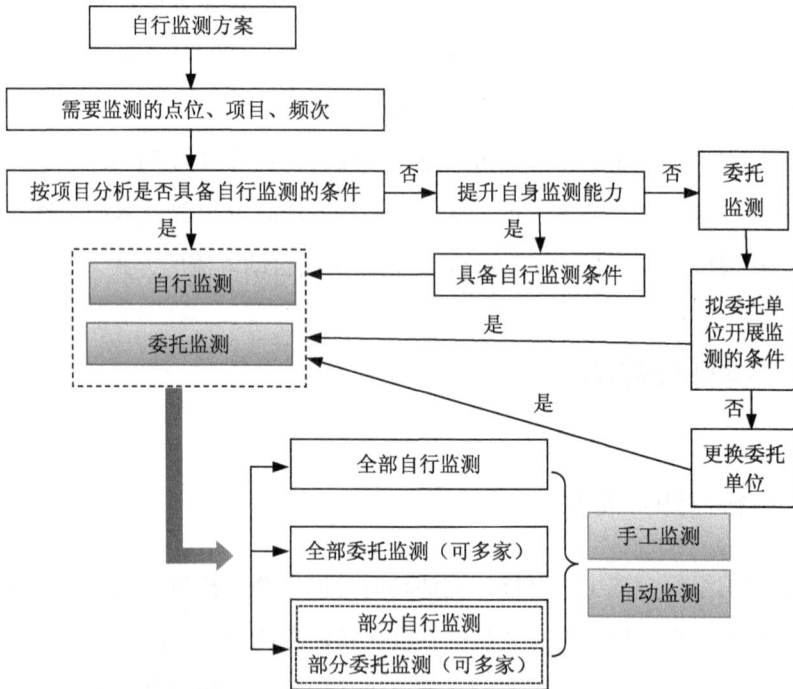

图 2-1　排污单位自行监测活动开展方式选择流程

排污单位无论是自行开展监测还是委托监测，都应当按照自行监测方案要求，确定各监测点位、监测项目的监测技术手段。对于明确要求开展自动监测的点位及项目，应采用自动监测的方式；其他点位和项目可根据排污单位实际情况，确定是否采用自动监测的方式。若采用自动监测的方式，应该按照相应技术规范的要求，定期采用手工监测方式进行校验。不采用自动监测的项目，应采用手工监测方式开展监测。

2.3.2　监测活动开展的一般要求

监测活动开展的技术依据是监测技术规范。除了监测方法中的规定，我国还有一些系统性的监测技术规范对监测全过程或者专门针对监测的某个方面进行了规定。为了保证监测数据准确、可靠，能够客观反映实际情况，排污单位无论是自行开展监测，还是委托其他社会化检测机构开展监测，都应该按照国家发布的环境监测标准、技术规范来开展监测。

开展监测活动的机构和人员由排污单位根据实际情况决定。排污单位可根据自身条件和能力，利用自有人员、场所和设备自行监测。排污单位自行开展监测时不需要通过国家的实验室资质认定，目前国家层面不要求检测报告必须加盖中国质量认证（CMA）印章。个别或者全部项目不具备自行监测能力时，也可委托其他有资质的社会化检测机构代其开展监测。

无论是排污单位自行监测，还是委托社会化检测机构开展监测，排污单位都应对自行监测数据的真实性负责。如果社会化检测机构未按照相应环境监测标准、技术规范开展监测，或者存在造假等行为，排污单位可以依据相关法律法规和委托合同条款追究所委托的社会化检测机构的责任。

2.3.3　监测活动开展应具备的条件

2.3.3.1　自行监测应具备的条件

自行开展监测活动的排污单位，应具备开展相应监测项目的能力，主要从以下四个方面考虑。

（1）人员

监测人员是指与生态环境监测工作相关的技术管理人员、质量管理人员、现场测试人员、采样人员、样品管理人员、实验室分析人员（包括样品前处理等辅助岗位人员）、数据处理人员、报告审核人员和授权签字人等各类专业技术人员的总称。

排污单位应设置承担环境监测职责的机构，落实环境监测经费，赋予相应的工作定位和职能，配备相应能力水平的生态环境监测技术人员。排污单位中开展自行监测工作人员的数量、专业技术背景、工作经历、监测能力要与所开展的监测活动相匹配。建议中级及以上专业技术职称或同等能力的人员数量不少于总数的 15%。

排污单位应与其监测人员建立固定的劳动关系，明确岗位职责、任职要求和工作关系，使其满足岗位要求并具有所需的权力和资源，履行建立、实施、保持和持续改进管理体系的职责。

排污单位监测机构最高管理者应组织和负责管理体系的建立和有效运行。排污单位应对操作设备、监测、签发监测报告等人员进行能力确认，由熟悉监测目的、程序、方法和结果评价的人员对监测人员进行质量监督。排污单位应制订人员培训计划，明确培训需求和实施人员培训，并评价培训活动的有效性。排污单位应保留技术人员的相关资质、能力确认、授权、教育、培训和监督的记录。

开展自行监测的相关人员应结合岗位设定，熟悉和掌握环境保护基础知识、法律法规、相关质量标准和排放标准、监测技术规范及有关化学安全和防护等知识。

（2）场所环境

排污单位应按照监测标准或技术规范，对现场监测或采样时的环境条件和安全保障条件予以关注，如监测或采样位置、电力供应、安全性等能否保证监测人员安全和监测过程的规范性。

实验室宜集中布置，做到功能分区明确、布局合理、互不干扰，对于有温湿度控制要求的实验室，建筑设计应采取相应技术措施；实验室应有相应的安全消防保障措施。

实验室设计必须执行国家现行有关安全、卫生及环境保护法规和规定，对限制人员进入的实验区域应在其显眼区域设置警告装置或标志。

凡是空间内含有对人体有害的气体、蒸汽、气味、烟雾、挥发物质的实验室，应设置通风柜，实验室需维持负压，向室外排风时必须经特殊过滤；凡是经常使用强酸、强碱，有化学品烧伤风险的实验室，应在出口就近设置应急喷淋器和应急洗眼器等装置。

实验室用房一般照明的照度均匀，其最低照度与平均照度之比不宜小于 0.7。微生物实验室宜设置紫外灭菌灯，其控制开关应设在门外并与一般照明灯具的控制开关分开安装。

对影响监测结果的环境条件，应制定相应的标准文件。如果规范、方法和程序有要求，或对结果的质量有影响，实验室应监测、控制和记录环境条件。当环境条件影响监测结果时，应停止监测。应将不相容活动的相邻区域进行有效隔离。对进入和使用影响监测质量的区域，应加以控制。应采取措施确保实验室的良好内务，必要时应制定专门的程序。

（3）仪器设备

排污单位配备的设备种类和数量应满足监测标准规范的要求，包括现场监测设备、采样设备、制样设备、样品保存设备、前处理设备、实验室分析设备和其他辅助设备。现场监测设备主要包括便携式现场监测分析仪、气象参数监测设备等，采样设备主要有水质采样器、大气采样器、固定污染源采样器等，样品保存设备主要指样品采集后和运输过程中满足低温、冷冻或避光条件的设备，前处理设备主要指加热、烘干、研磨、消解、蒸馏、振荡、过滤、浸提等所需的设备，实验室分析设备主要有气相色谱仪、液相色谱仪、离子色谱仪、原子吸收光谱仪、原子荧光光谱仪、红外测油仪、分光光度计、万分之一天平等。设备在投入工作前应进行校准或核查，以保证其满足使用要求。

大型仪器设备应配有仪器设备操作规程和仪器设备运行与保养记录；每台仪器设备及其软件应有唯一性标识；应保存对监测具有重要影响的每台仪器设备及软件的相关记录，并存档。

（4）管理体系

排污单位应根据自行监测活动的范围，建立与之相匹配的管理体系。管理体系应覆盖自行监测活动的全部场所。应将点位布设、样品采集、样品管理、现场监测、样品运输和保存、样品制备、实验分析、数据传输、记录、报告编制和档案管理等监测活动纳入管理体系。应编制并执行质量手册、程序文件、作业指导书、质量和技术记录表格等，采取质量保证和质量控制措施，确保自行监测数据可靠。

2.3.3.2 委托单位相关要求

排污单位委托社会化检测机构开展自行监测的，应对自行监测数据的真实性负责，因此排污单位应重视对被委托单位的监督管理。其中，具备监测资质是被委托单位承接监测活动的前提和基本要求。

接受自行监测任务的单位应具备监测相应项目的资质，即所出具的监测报告必须能够加盖 CMA 印章。排污单位除应对资质进行检查外，还应该加强对被委托单位的事前、事中、事后监督管理。

选择拟委托的社会化检测机构前，应对其既往业绩、实验室条件、人员条件等进行检查，重点考虑社会化检测机构是否具有开展本单位委托项目的经验，是否具备承担本单位委托任务的能力，是否存在弄虚作假的行为等。

被委托单位开展监测活动过程中，排污单位应定期或不定期抽检被委托单位的监测记录、监测报告和原始记录等，若有存疑的地方，可现场检查。

每年报送全年监测报告前，排污单位应对被委托单位的监测数据进行全面检查，包括监测的全面性、记录的规范性、监测数据的可靠性等，确保被委托单位能够按照要求开展监测。

2.4 监测质量保证与质量控制

无论是自行开展监测还是委托社会化检测机构开展监测，都应该根据相关监测技术规范、监测方法标准等要求做好质量保证与质量控制。

自行开展监测的排污单位应根据本单位自行监测的工作需求，设置监测机构，梳理制定监测方案、样品采集、样品分析、出具监测结果、样品留存、相关记录的保存等各个环节，制定工作流程、管理措施与监督措施，建立自行监测质量体系，确保监测工作质量。质量体系应包括对以下内容的具体描述：监测机构、人员、出具监测数据所需仪器设备、监测辅助设施和实验室环境、监测方法技术能力验证、监测活动质量控制与质量保证等。

委托其他有资质的社会化检测机构代其开展自行监测的，排污单位不用建立监测质量体系，但应对社会化检测机构的资质进行确认。

2.5　记录和保存监测数据

记录监测数据与监测期间的工况信息，整理成台账资料，以备管理部门检查。手工监测时应保留全部原始记录信息，全过程留痕。自动监测时除了通过仪器全面记录监测数据外，还应有运行维护记录。另外，为了更好地梳理污染物排放状况、了解监测数据的代表性、对监测数据进行交叉印证、形成完整的证据链，还应详细记录监测期间的生产和污染治理状况。

排污单位应将自行监测数据接入全国污染源监测信息管理与共享平台，公开监测信息。此外，可以采取以下一种或者几种方式让公众更便捷地获取监测信息：公告或者公开发行的信息专刊，广播、电视等新闻媒体，信息公开服务、监督热线电话，排污单位的资料索取点、信息公开栏、信息亭、电子屏幕、电子触摸屏等场所或者设施，其他便于公众及时、准确获得信息的方式。

第 3 章　水泥工业发展及污染排放状况

　　水泥工业是一个与国民经济发展和社会文明建设息息相关的重要产业。水泥作为建筑业的基础材料，与房地产、基建等投资领域市场关联度较大，其产量与经济发展密切相关。目前，全球水泥行业面临产能过剩与环保压力的双重挑战，促使企业向绿色低碳转型。本章主要就水泥工业的工艺生产过程及其产排污情况进行分析，为排污单位自行监测方案的制定提供基础依据。

3.1　行业概况及发展趋势

　　根据《中华人民共和国 2021 年国民经济和社会发展统计公报》，2021 年我国水泥年产量达到 23.8 亿 t，占全球总产量的 57%，我国仍然是水泥生产与消耗大国。2021 年水泥熟料产能利用率为 74.3%，产能过剩依旧是当前水泥行业面临的主要问题。

　　2023 年，我国水泥产量 20.23 亿 t，连续 3 年负增长。全年出口水泥 362.2 万 t，同比下降 97.8%；进口水泥 85.3 万 t，同比下降 64.5%。全年累计出口金额 2.7 亿美元，同比增长 41.7%；累计进口金额 0.44 亿美元，同比下降 68.9%。我国出口水泥熟料 21.9 万 t，同比增长 133.4%；进口水泥熟料 43.6 万 t，同比下降 94.8%。全年累计出口金额 0.2 亿美元，同比增长 55.3%；累计进口金额 0.2 亿美元，同比下降 95.7%。

随着市场供需规模结构调整以及《建材行业碳达峰实施方案》等"双碳"政策的发布实施，水泥行业绿色低碳安全高质量发展，将加快转变水泥行业运行环境，对水泥行业发展运行产生系统性、全局性影响。水泥行业的未来趋势将围绕可持续发展和技术创新展开。低碳水泥、生态水泥等环保型产品的研发与推广将成为主流。数字化、智能化技术的应用，将大幅提升生产效率和资源利用效率。同时，随着全球基础设施建设的持续投入，特别是绿色建筑概念的普及，高性能、多功能水泥的需求将持续增长，推进生产工艺过程向绿色化、智能化、协同化转型，筑牢建材行业高质量发展的根基。

3.2　典型生产工艺

3.2.1　基本工艺

水泥生产分为三个阶段：第一阶段是生料制备，即将石灰质原料、黏土质原料与少量校正原料分别破碎后，按一定比例混合、磨细并调配为成分合适、质量均匀的生料；第二阶段是熟料煅烧，即生料经预热器或预分解系统预热/分解后，在水泥窑内煅烧至部分熔融得到以硅酸钙为主要成分的水泥熟料；第三阶段是水泥粉磨，即熟料加入适量石膏，有时还有一些混合材料或外加剂共同磨细成为水泥成品。

水泥熟料煅烧主要有两种方式：一种是以回转窑为主要生产设备，包括新型干法窑、预热器窑、余热发电窑、干法中空窑、立波尔窑、湿法回转窑；另一种是以立式窑为主要生产设备，包括普通立窑和机械化立窑。半干法工艺（立窑和立波尔窑）、湿法旋窑工艺、干法中空旋窑工艺属于高能耗、高污染的水泥生产工艺。不同的水泥生产工艺与设备在规模效益、能源消耗、资源利用、污染排放等方面存在较大差别。

根据国家产业政策的相关要求，干法中空窑（生产铝酸盐水泥等特种水泥的除外）、水泥机立窑、立波尔窑、湿法窑等已逐步淘汰，水泥生产格局发生了显著变化。目前，水泥生产工艺以新型干法生产工艺为主，占 98%以上，单线规模为1 000~12 000 t/d，其中 59%的熟料产能来自日产 5 000 t 及以上生产线。水泥粉磨站规模为 60 万~600 万 t/a。

新型干法窑外预分解技术已成为我国水泥生产的主导工艺。提高水泥行业的集中度，通过行业组织结构调整促进行业技术结构调整，不仅可以扩大新型干法生产线的规模，通过优化技术和设备，还能明显降低水泥生产的单位综合能耗，达到节能减排的实际效果，也有利于水泥生产的整体污染控制。新型干法产能比例的增加，显著加快了我国水泥行业节能减排的步伐。

3.2.2　新型干法技术水泥生产工艺

新型干法技术的核心是水泥熟料煅烧的窑外预分解技术，它是在悬浮预热技术的基础上发展起来的，不同型式的分解炉与各种预热器组成了不同类型的窑外分解系统。与在回转窑内完成预热、分解、烧结等多个过程的传统工艺相比，它将熟料煅烧过程变成在两套独立的设备内进行的两个阶段操作：一是在悬浮预热器和分解炉内完成生料预热和石灰石分解（$CaCO_3 \longrightarrow CaO+CO_2$，900℃）；二是在回转窑内高温条件下（1 400~1 500℃）完成熟料烧成（形成硅酸三钙、硅酸二钙、铝酸三钙等）。由于在分解炉内引入第二热源（使用约 60%的燃料），降低了烧成带的热负荷，提高了回转窑运转率和生产能力，同时大幅降低了能源消耗、污染物（特别是氮氧化物、二氧化硫）排放量。新型干法水泥生产工艺流程如图 3-1 所示。

新型干法水泥生产技术是 20 世纪 50 年代发展起来的，在日本、德国等发达国家，以悬浮预热和预分解窑为核心的新型干法水泥熟料生产设备使用率占 95%；我国第一套悬浮预热和预分解窑于 1976 年投产。现代化新型干法系统集五级悬浮预热器、改进型分解炉和回转窑、多通道燃烧器、第四代篦冷机、窑头窑尾余热发电等多项技术于一体，再与新型节能粉磨系统、原燃料预均化系统、计量与自动化控制系统等组合在一起，代表着当代水泥生产的最高技术水平。

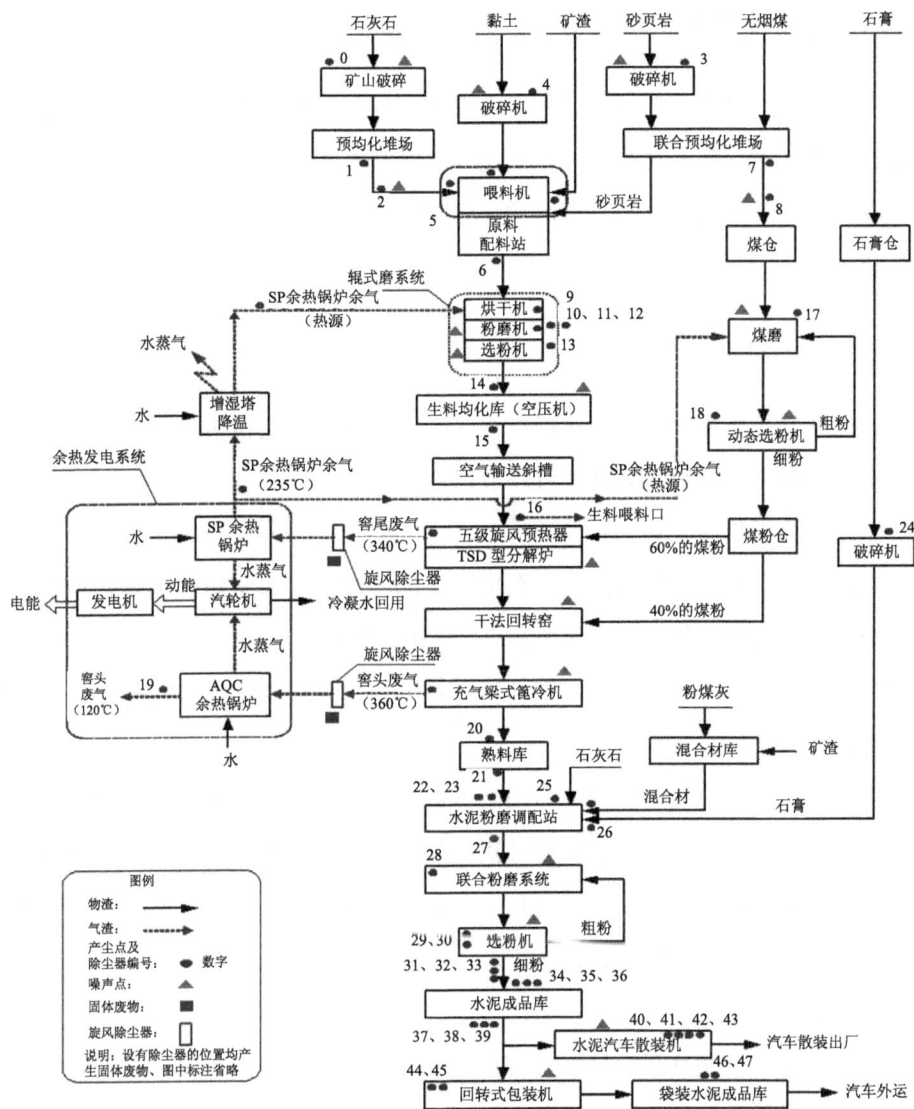

图 3-1　新型干法水泥生产工艺流程

　　新干法水泥生产的过程通常分为三个阶段：第一阶段生料准备和生料制备；第二阶段熟料烧成；第三阶段水泥制成及出厂。

3.2.2.1 生料准备和生料制备

生料制备阶段的主要任务是把石灰石和辅助生料经过物理处理形成烧成系统需要的生料。生料磨系统是水泥生产的第一个核心工艺流程，物料从磨机出来后进入生料库，不同成分、不同细度的生料进一步均化、融合以供应后面的水泥烧成系统。

3.2.2.2 熟料烧成

烧成部分是新型干法水泥生产中最重要的一部分，它由窑外预热、分解、窑内煅烧、熟料冷却、废气处理及旁路放风组成。

（1）窑外预热

回转窑生产熟料时排出的烟气温度在 1 000℃左右，在窑尾加上预热器利用烟气的余热预热生料，使入窑生料的温度达 750～800℃，完成预热、黏土脱水分解和部分碳酸盐分解之后，再进入回转窑进行煅烧，这样能够提高物料反应度，有利于降低熟料热耗。

生料首先投入一级旋风筒入口的上升管道内，在管道内进行充分热交换。然后由一级旋风筒把气体和生料颗粒分离，收下的生料经卸料管进入二级旋风筒的上升管道内进行第二次热交换，再经二级旋风筒分离，依次经过五级旋风预热器分离后，生料进入回转窑内进行煅烧。

（2）分解

分解炉主要是使物料分解，其实质上是高温气固多相反应器。窑外分解技术是一种显著增加回转窑产量的工艺方法，在分解炉中把大量吸热的碳酸钙分解。生料颗粒以悬浮或沸腾状态分散在分解炉中，以最大的温度差在燃料无焰燃烧的同时进行高速传热过程，使生料迅速完成分解反应，从而大幅减轻回转窑的热负荷，使回转窑的生产能力成倍增加。

（3）窑内煅烧

回转窑的主要作用是为生料的完全分解和熟料矿物的形成提供所需的温度和一定的停留时间，以实现熟料的烧成。在水泥生产过程中，生料从窑尾向窑头运动，与窑内热气流进行交换，使物料发生系统的化学反应。回转窑可分成干燥带、分解带、烧成带和冷却带。

（4）熟料冷却

高温熟料由窑口进入冷却机后，首先受到从篦板下部鼓入的高压风的急速冷却，随后由篦床推动前进，并且受到中压风的继续冷却。冷却后的小颗粒熟料穿过细栅条，经出料溜子直接送入输送设备，大块熟料需经冷却机末端的破碎机破碎后，再进入输送设备。从篦板缝漏入空气室底部的细小熟料颗粒，由冷却机底部的拉链机送至出料端。鼓入冷却机的冷空气与熟料进行热交换后，一部分作为二次空气进入窑内，另一部分作为三次空气引入分解炉或用于烘干原燃料，多余的热风经收尘后由烟囱排入大气。

（5）废气处理

现代水泥生产线的废气处理是在一级预热器热风出口到窑尾的排放烟囱为止的一套系统。炉膛内产生的废气经 SNCR 技术处理后，通过窑尾高温风机、电收尘器或布袋收尘器、收风机、增湿塔和喷雾系统等，最后进入烟囱排入大气。

（6）旁路放风

为避免熟料中碱、氯、硫化物等含量过高，减轻或防止窑尾系统结皮堵塞，将回转窑窑尾高温烟气按比例从旁路中分离并与冷风混合，使以气相形态存在的挥发物冷凝在飞灰上，由收尘器将此飞灰收捕并排出回转窑。在此过程中，首先必须注重原燃料的选用，当原燃料资源受到限制，有害成分含量超过允许限度时，必须在设计及生产中采取相应的防止堵塞的措施。国外部分公司对生料堆中碱、氯、硫等有害的成分含量有严格的规定，超过规定就要采取旁路放风措施。我国《水泥窑协同处置固体废物污染控制标准》（GB 30485—2013）中允许水泥窑协同处置固体废物企业设置旁路放风系统。

3.2.2.3　水泥制成及出厂

熟料加入适量石膏、矿渣后经水泥磨共同磨细，成为粉状的水泥，包装或散装即可出厂。本工艺流程分为水泥磨系统和水泥包装系统两部分。

（1）水泥磨系统

水泥磨系统主要包括水泥调配站、水泥磨、水泥入库。水泥调配站和生料磨的调配站基本相同，根据生产不同的水泥型号以及熟料的成分控制熟料、石膏和矿渣的喂料比例。球磨机里主要是钢球，通过钢球的碰撞达到研磨的目的，从磨机出来后进入选粉机，粗的料循环再进入磨机，细度达到要求的料，即水泥成品通过斜槽进入水泥库。

（2）水泥包装系统

水泥包装分为散装和袋装，散装直接由水泥库库底装车运出，袋装由包装机完成。

3.2.3　水泥窑协同处置技术

水泥窑协同处置是水泥工业提出的一种新的固体废物处置手段，它是指将满足或经过预处理后满足入窑要求的固体废物投入水泥窑，在进行水泥熟料生产的同时实现对固体废物的无害化处置过程。水泥窑协同处置废物技术在发达国家已有 40 多年的应用经验，对这些国家的废物处置发挥了巨大作用，其环境效益、经济效益和社会效益已得到充分证实。我国从 20 世纪 90 年代开始广泛开展利用水泥窑处置危险废物和城市生活垃圾的研究工作，如中美合作项目《水泥窑炉持久性有机污染物排放的检测及控制》、中瑞合作项目《水泥窑炉处置过期农药》、其他地方政府项目《生活垃圾由水泥回转窑协同处理系统的研究》《利用水泥回转窑处置城市污水处理厂污泥试验性研究及应用》《城市垃圾焚烧飞灰无害化技术的研究》等。相关的国际合作项目注重学习国外的前沿科学技术，包括二噁英类的控制和检测技术、废物协同处置技术、程序及管理体系。地方项目则是对具体种类的固体废物进行尝试性资源化综合利用，这些固体废物包括生活垃圾、污泥、焚烧飞灰等。

按照国家的有关规定，水泥窑协同处置可用于处理危险废物、生活垃圾（包括废塑料、废橡胶、废纸、废轮胎等）、城市和工业污水处理污泥、动植物加工废物、受污染土壤、应急事件废物等固体废物。但是，放射性废物、爆炸物及反应性废物、未经拆解的废电池、废家用电器和电子产品、含汞的温度计、血压计、荧光灯管和开关、铬渣、未知特性和未经鉴定的废物禁止入窑进行协同处置。

3.2.3.1 利用常规工业废渣现状

我国水泥排污单位协同处置废物种类主要为常规的工业废渣，如电厂粉煤灰、烟气脱硫石膏、磷石膏、煤矸石、钢渣、高炉矿渣、硫酸渣等。这些工业废渣的化学成分与传统水泥生产原料近似，品质相对均匀、稳定，通常作为替代原料加入生料或作为混合材加入熟料中，协同处置易于操作，因此已被水泥排污单位广泛采用以节约原料成本。

3.2.3.2 水泥窑协同处置固体废物现状

近年来，我国将发展水泥窑协同处置固体废物定位于化解水泥行业产能过剩、促进环境保护、循环经济、节能减排、产业结构调整的战略高度，鼓励发展水泥窑协同处置危险废物、生活污泥、生活垃圾焚烧飞灰和生活垃圾及其衍生物等，使水泥行业企业功能得到拓展。在政策推动下，各地均在布局协同处置固体废物生产线，其主体生产设施仍为水泥窑。

水泥窑协同处置固体废物在我国已得到快速发展，但在利用水泥窑协同处置固体废物作为替代燃料方面还处于初级阶段。据测算，目前我国水泥工业的热值替代率不到2%，远低于欧美发达国家和地区的平均水平。即使对于已成功开展连续性和大规模危险废物协同处置业务的水泥企业，也很少协同处置具有替代燃料价值的废物，燃料替代率较低。这主要是由两个方面的原因造成的：

首先是水泥企业缺少使用替代燃料的技术能力和动力，部分企业开展协同处置，是为了规避错峰生产、重污染天气应急管控等，享受政策红利，不重视其燃料替代功能，目前发展最快的是协同危险废物处置业务（利润高），但从替代燃料角度来看，危险废物总体规模有限，且种类成分复杂，热值贡献率低；其次是我国的废物管理体系还不够健全，致使水泥企业很难收集到可燃性废物。在"双碳"目标引导下，水泥行业协同处置固体废物为替代燃料将成为降碳主要措施之一，日益引起重视。据统计，截至 2021 年年底，我国水泥窑协同处置固体废物（含危险废物、生活垃圾、城市和工业污水处理污泥、污染土壤等）企业共 295 家、涉及生产线 374 条，其中涉及协同处置危险废物的企业 171 家、生产线 208 条，协同处置危险废物占协同处置固体废物的企业、生产线比例分别为 58.0%、55.6%。协同处置固体废物企业、生产线占全国水泥熟料企业、水泥熟料生产线比例均已超过 20%。

（1）危险废物的水泥窑协同处置

据统计，目前我国水泥窑协同处置危险废物企业中已有超过 150 家获得危险废物经营许可证。

（2）城市生活污泥的水泥窑协同处置

利用水泥窑协同处置生活污泥主要技术路线包括两种：第一种是将经机械脱水后的湿污泥（含水率 80%）直接投入水泥窑高温区；第二种是利用水泥窑高温烟气对机械脱水后的湿污泥（含水率 80%）进行干化（含水率降至 10%～35%）后再投入水泥窑高温区。前者投资成本低，但污泥处置能力小；后者投资成本高，但污泥处置能力大。利用水泥窑高温烟气对生活污泥进行干化也包括两种方式，一种是以导热油为介质的非接触式间接干化，另一种是接触式直接干化。

我国已有多家水泥企业开展了水泥窑协同处置生活污泥的业务。除此以外，随着生活污泥产生量的不断增加，越来越多的水泥企业对协同处置生活污泥表现出了兴趣，一些新的生活污泥水泥窑协同处置设施即将建设或正在建设中。

（3）城市生活垃圾的水泥窑协同处置

利用水泥窑协同处置生活垃圾主要包括三种技术路线：第一种是制备垃圾衍生燃料（RDF）入窑处理工艺，具体为通过脱水、破碎、筛分等工艺将生活垃圾中可燃组分制备成 RDF，RDF 输送至水泥窑高温区进行焚烧，可以替代部分燃煤；第二种是预焚烧（气化）入窑工艺，即将生活垃圾经过脱水、破碎等预处理后，通过新增加配套焚烧设施（如气化炉、热盘炉、炉排炉等）对预处理后的垃圾进行焚烧，产生的废气和废渣投入水泥窑；第三种是发酵入窑工艺，即将生活垃圾首先在好氧发酵装置内进行脱水和均化处理后，再投入水泥窑进行焚烧处置。

（4）污染土壤的水泥窑协同处置

利用水泥窑协同处置的污染土壤主要是被有机物污染的土壤。

危险废物在水泥窑中焚烧的同时也会带来污染物排放增加的问题，除水泥生产中常规的污染物排放外，还包括氯化氢、氟化氢、重金属、二噁英类等特征污染物。对于可能由协同处置危险废物所带来的大气污染物排放增加和控制问题，一直是对该废物处置技术的最大关注点之一。此外，协同处置危险废物生产的水泥产品中的重金属在使用过程中也可能会对环境造成一定的污染风险。为此，我国制定、发布了《水泥窑协同处置固体废物污染控制标准》（GB 30485—2013）、《水泥窑协同处置固体废物技术规范》（GB 30760—2014）等标准，对利用协同处置固体废物水泥窑的设施、入窑废物特性、运行操作、污染物排放、水泥产品污染物控制提出了相关要求。

3.3　污染物排放状况分析

水泥工业的环境污染主要是大气污染，其次是噪声污染，废水和固体废物产生量较小，基本会被综合利用。水泥行业是大气的重污染行业，大气特征污染物有颗粒物（PM）、二氧化硫（SO_2）、氮氧化物（NO_x）等；水泥厂生产废水主要为水泥窑、水泥磨、风机、空压机等设备的冷却水，余热发电机组水处理废水、生活废水；水泥厂的噪声主要来自大型风机、空压机、磨机等机械噪声和空气动力噪声。

根据《中国生态环境统计年报2020》，2020年全国氮氧化物排放总量1 019.6万t，工业氮氧化物排放量417.5万t，占全国氮氧化物排放总量的40.9%。全国烟（粉）尘排放量611.4万t，工业源颗粒物排放量400.9万t，占全国颗粒物排放总量的65.6%。氮氧化物排放量排名前3的工业行业依次为电力、热力生产和供应业，非金属矿物制品业，黑色金属冶炼及压延加工业。3个行业共排放氮氧化物328.8万t，占全国工业源氮氧化物排放总量的78.8%。颗粒物排放量排名前3的工业行业依次为非金属矿物制品业，煤炭开采和洗选业，电力、热力生产和供应业。3个行业共排放颗粒物235.3万t，占全国工业源颗粒物排放量的58.7%。

2020年，水泥企业氮氧化物排放量为72.2万t，占全国非金属矿物制品业氮氧化物排放量的63.3%。水泥企业氮氧化物排放量排名前4的地区依次为广东、云南、安徽和广西。4个地区的水泥企业氮氧化物排放量占全国水泥企业氮氧化物排放量的29.4%。2020年各地区水泥企业氮氧化物排放情况如图3-2所示。

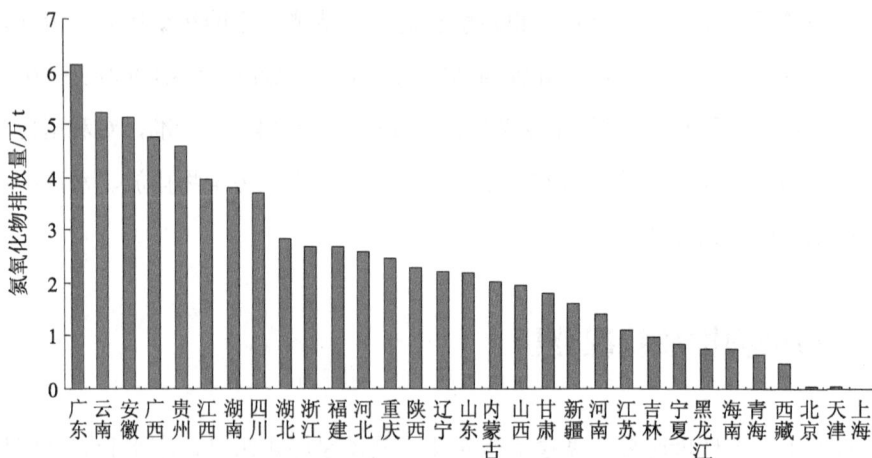

图3-2　2020年各地区水泥企业氮氧化物排放情况

2020 年，水泥企业颗粒物排放量为 83.8 万 t，占非金属矿物制品业排放量的 76.2%。水泥企业颗粒物排放量排名前 4 的地区依次为云南、山西、湖南和广东。4 个地区的水泥企业颗粒物排放量占全国水泥企业颗粒物排放量的 29.6%。2020 年各地区水泥企业颗粒物排放情况如图 3-3 所示。

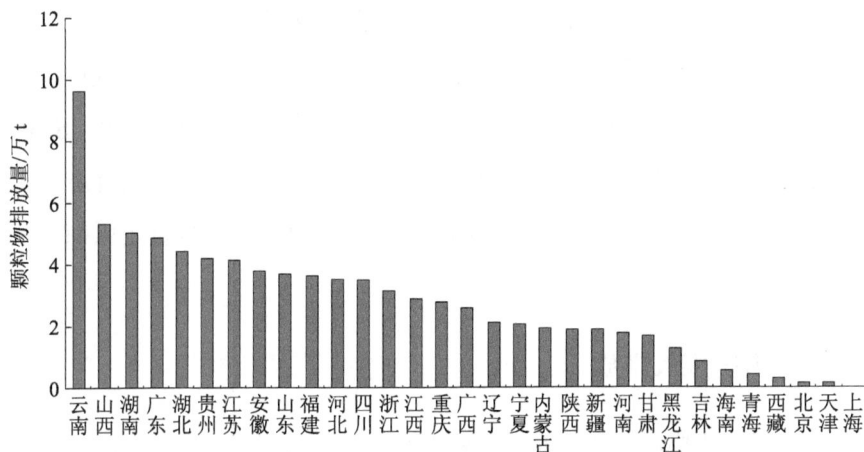

图 3-3 2020 年各地区水泥企业颗粒物排放情况

3.3.1 废气

水泥生产是通过生产线各设施（设备）的运行，把原料加工成水泥，在这个过程中不仅包括对物料破碎和粉磨的物理过程，还包括燃料燃烧和物料分解、相互反应生成水泥熟料的化学过程。排放的大气污染物主要有颗粒物、二氧化硫、氮氧化物、氟化物等。新型干法水泥生产线水泥回转窑的窑头、窑尾是水泥厂最大的粉尘污染源，两者废气总量约占全厂废气总量的 70%。另外，在水泥生产过程中物料的破碎、研磨、过筛、配料、包装等工序都有大量粉尘产生。窑头、窑尾、煤磨和水泥磨是新型干法水泥厂的颗粒物四大主要排放源。

水泥工业废气中的二氧化硫在水泥窑与烘干机内产生，主要是燃料煤中的硫（主要为有机硫、黄铁矿硫等）在中低温分解和高温氧化条件下所生成的，此外还有一部分来源于水泥原料中的含硫化合物在煅烧条件下高温氧化后未有效地形成熟料成分，最终通过烟气排放。

水泥工业废气中的氮氧化物（包括一氧化氮与二氧化氮）主要产生于煅烧炉和分解炉。在水泥生产过程中，氮氧化物主要产生于燃料中氮化合物经热分解和氧化反应，以及空气中的氮气和氧气在高温条件下反应。在新型干法生产系统中，因为 50%～60% 的燃料是在温度较低的分解炉中燃烧的，其生产系统排放的氮氧化物含量相对较低，优于无预分解系统干法水泥生产线。采用 SNCR、SCR 等脱硝工程对氮氧化物进行控制的，需要将尿素、氨水等还原剂喷入适宜温度区间的烟气内与氮氧化物反应，为达到更低的控制目标，过量喷入含氨还原剂时，会有部分氨逃逸。

3.3.1.1 有组织废气排放

我国水泥工业排污单位当前的主要生产工艺为新型干法，企业的废气排放点位较多，根据生产工艺与污染物排放分析，将生产过程分为矿山开采、水泥制造、散装水泥中转站及水泥制品生产。水泥制造的受控设施包括水泥窑及窑磨一体机、烘干机、烘干磨、煤磨、破碎机、磨机、包装机，输送设备及其他通风生产设备等不同性质的生产设备；矿山开采的受控设施为破碎机及其他通风生产设备；散装水泥中转站及水泥制品生产的受控设施为水泥仓及其他通风生产设备。

（1）水泥制造

在水泥制造过程中，原料进厂后需要经过原料破碎、原料烘干、生料粉磨、煤粉制备、生料预热/分解/烧结、熟料冷却、水泥粉磨及成品包装等多道工序，每道工序都存在不同程度的污染物排放。按照排放污染物种类和数量，排气筒可分为以下五类：

①水泥窑及窑尾余热利用系统排气筒

窑尾排气筒是全厂排气筒中排放量最大、污染物种类最多的排气筒，集中了大部分颗粒物和几乎全部气态污染物（二氧化硫、氮氧化物、氟化物等）排放。

水泥窑中的煤和生料煅烧产生的颗粒物、二氧化硫、氮氧化物、氟化物、汞及其化合物都通过窑尾排气筒排放。当前，水泥企业窑系统都进行了脱硝，部分企业采用氨水、尿素等含氨物质去除氮氧化物，未反应完全的氨会通过排气筒逃逸到空气中。

在利用水泥窑协同处置固体废物的窑尾排气筒还涉及氯化氢、氟化氢、重金属、二噁英类、总有机碳的排放。

②水泥窑窑头（冷却机）排气筒

窑头排气筒排放的废气是熟料冷却时冷风（空气）与高温熟料进行热交换后产生的高温气体，但没有经过燃烧，不是烟气。窑头一般跟篦冷机（冷却机）相连且共用一个排气筒，排出的污染物主要是颗粒物，即经过除尘后气体中夹带的熟料粉尘。

③烘干机、烘干磨、煤磨排气筒

烘干机、烘干磨、煤磨排气筒等与窑尾、窑头相比，排气量小一些，污染物也相对简单，主要是颗粒物，采用独立热源的烘干设备和利用窑尾余热加热的煤磨会排放二氧化硫和氮氧化物。

④通风生产设备排气筒

破碎机、磨机、包装机、原料库、均化库、生料库、输送设备、煤场等通风生产设备的排气筒排放的主要污染物为颗粒物。

⑤水泥窑旁路放风排气筒

这部分是水泥窑的一个旁路，其排放污染物的情况与水泥窑窑尾相似。

（2）矿山开采

矿山开采是原料的获得过程，水泥制造中所需要的石灰石、黏土、页岩等原料通常从露天采石场、取土场获得。采石场、取土场紧邻水泥工业排污单位工厂，纵然有一定的距离，也是在经济合理的范围内。通常情况下，破碎系统设在矿山，破碎后的矿石经几百米至十几千米的长皮带输送系统送至水泥厂存储、备料。

颗粒物无组织排放在矿山开采过程中普遍存在，破碎机则是矿山开采的主要有组织排放源，还有其他一些设备，如装卸、输送设备等也需要通风除尘。

（3）散装水泥中转站及水泥制品生产

散装水泥中转站，其工艺流程与水泥企业散装水泥类似，均是对水泥成品的进出库操作。主要设备包括卸船机、空气输送斜槽、提升机、水泥仓、散装机等。水泥仓的顶（底）安装除尘器，一般为单机袋除尘；卸料口、转运点等分散扬尘点处设置集尘罩，抽吸含尘气体进行单独或集中处理（袋除尘）。这部分的排气筒主要是水泥仓及其他通风生产设备的排气筒，主要污染物为颗粒物。

3.3.1.2 无组织废气排放

水泥行业颗粒物无组织排放主要是物料堆放、破碎、转运、装卸、粉磨、贮存等过程中产生的扬尘导致。目前部分水泥企业的运输皮带尚未完全做到全封闭，物料转运点的落差处未全部安装除尘器或除尘器偏小，原辅材料露天堆放、运输道路积灰等问题依然存在。水泥厂露天堆场、外物料扬尘，以及排放源管线、阀门等发生的"跑冒滴漏"现象，会造成水泥企业无组织排放的颗粒物产生。

另外，脱硝系统中的氨水储存及输送系统可能发生的"跑冒滴漏"会造成氨的无组织排放。

利用水泥窑协同处置生活垃圾等固体废物时，其存储及预处理单元可能有恶臭类等污染物产生和排放。

3.3.2 废水

水泥工业排污单位对水环境的污染主要分为生产废水和生活污水。

3.3.2.1 生产废水

水泥厂生产废水主要来源于设备冷却水、地面冲洗水、软水处理废水等。主要分为以下几类：

（1）机械设备间接冷却循环水。水泥厂需要循环冷却水的机械设备一般有回转窑拖轮、篦冷机油站、润滑油站、减速机稀油站、气化炉不燃物取出装置、除氯系统旁路设备、通风系统风机等高温、高速运转设备。主要污染物为少量的悬浮物（SS）和化学需氧量（COD_{Cr}），沉淀、分离处理后循环使用，基本不外排。

（2）余热发电机组冷却水、软水处理废水，经水处理后循环使用，不外排。

（3）实验室、化验室试验用水。

（4）水泥窑协同处置固体废物工艺，其生产废水还包括储存及预处理单元产生的渗滤液。一般协同处置的固体废物储存时间较短，渗滤液较少。生活垃圾在项目区临时储存过程中产生的部分垃圾渗滤液虽然属于高浓度有机污水，但其具有不耐热的特性。目前常见的方法是将渗滤液收集后经专用输送管道送至窑头罩进入窑系统焚烧，通过高温蒸发氧化处理，分解有机成分，基本实现了无害化处理。

3.3.2.2 生活污水

水泥工业生活污水主要来源是厂内生活区（食堂、宿舍）、办公区日常生活废水，主要污染物为 COD_{Cr}、SS 和氨氮等，大多排入现有污水处理站经处理处置后，用于生产区喷水降尘、车辆冲洗、厂区绿化浇洒等，基本不外排。

3.3.3 噪声

水泥工业的噪声是水泥生产过程中所产生的对附近环境造成滋扰的声音。水泥工业排污单位产生高噪声的设备比较多，如果不进行治理，运行时的噪声级别都很高，在 80～120 dB（A）范围。主要噪声源包括以下三类：

（1）机械噪声，磨机、破碎机、物料输送机等生产机械工作时产生；

（2）空气动力噪声，风机、空压机等生产机械工作时产生；

（3）电磁噪声，电机等生产机械工作时产生。

3.3.4　固体废物

水泥生产过程中收集的粉尘，一般在相关工序中利用，不会成为固体废物。其他固体废物主要为除尘设施收集颗粒物的废滤袋和水泥窑中的废旧耐火砖，废滤袋一般随料入窑焚烧，废旧耐火砖一般由制砖企业回收，基本无环境污染。生产过程中可能产生的危险废物可按照《国家危险废物名录》或国家规定的危险废物鉴别标准和鉴别方法认定。

3.4　污染治理技术

3.4.1　废气污染治理技术

水泥企业排放的大气污染物主要有颗粒物、二氧化硫、氮氧化物、氟化物等，对于水泥窑协同处置固体废物工艺，窑尾排气筒还涉及氯化氢、氟化氢、重金属、二噁英类、总有机碳的排放。废气集中处理的治理技术有以下几种。

3.4.1.1　颗粒物

水泥工业目前使用的除尘技术主要是布袋除尘、电袋复合除尘及电除尘。水泥窑的窑尾多采用高效布袋除尘，窑头采用布袋除尘器、电除尘或电袋复合除尘器均可。根据所选择的除尘器类型和烟气性质，一般需要对烟气降温调质，采用增湿等措施调节到 150℃以下和适宜的比电阻（<1 011 Ω·cm）。其他通风生产设备、扬尘点大多采用布袋除器。

（1）布袋除尘

布袋除尘技术是利用纤维织物的过滤作用（纤维过滤、膜过滤和颗粒过滤）对含尘气体进行净化。布袋除尘技术处理风量范围大、使用灵活，适用于水泥工业各个工序废气的除尘治理。

目前，大部分水泥熟料生产企业窑尾布袋除尘器过滤材料均选用覆膜滤料，布袋除尘技术的除尘效率可达 99.80%～99.99%，窑尾颗粒物排放浓度可控制在 10 mg/m³ 以下，甚至更低，运行费用主要来自更换滤袋和引风机电耗。

（2）电袋复合除尘

电袋复合除尘器，就是在除尘器的前部设置一个除尘电场，使电除尘器在第一电场能收集 80%～90%的粉尘，收集烟气中的大部分粉尘，而在除尘器的后部装设滤袋，使含尘浓度低的烟气通过滤袋，这样可以显著降低滤袋的运行阻力，延长清灰周期，缩短脉冲宽度，降低喷吹压力，延长滤袋的使用寿命，相应降低了运行维护成本。

电袋复合除尘技术特别适用于原有静电除尘器的改造，它充分结合了电除尘、袋除尘的优点，除尘效率可达 99.80%～99.99%，颗粒物排放浓度小于 10 mg/m³，甚至更低。

（3）电除尘

一般采用多电场收集粉尘，除尘效率可达 99%，颗粒物排放浓度小于 30 mg/m³。

3.4.1.2　二氧化硫

目前水泥工业脱硫技术主要有：

（1）干法脱硫

干法脱硫包括水泥窑自脱硫技术和碱基干法脱硫，水泥窑自脱硫技术是利用分解炉中石灰石煅烧产生的活性 CaO 实现脱硫，在燃料、原料含硫率较低时，水泥窑自脱硫可实现二氧化硫排放浓度小于 20 mg/m³；当燃料、原料含硫率较高时，自脱硫后二氧化硫浓度仍可高达 600～800 mg/m³，需要进一步采用末端治理设施进行脱硫。碱基干法脱硫根据使用的脱硫剂分为钙基干法脱硫和钠基干法脱硫，钙基干法脱硫是在 C1 和 C2 级旋风预热器之间喷注干粉状的 $Ca(OH)_2$ 或 CaO，钠基干法脱硫是在 C1 级旋风预热器出口、余热锅炉出口或窑尾袋除尘器前喷注干粉状的 $NaHCO_3$。纯干粉活性较低，应用较少。

（2）半干法脱硫

半干法脱硫，也称喷雾干燥法脱硫，使用少量水与 CaO 形成 $Ca(OH)_2$，在窑尾增湿塔喷入，在燃料、原料含硫量较高，自脱硫后二氧化硫浓度仍高达 $600 \sim 800 \ mg/m^3$ 时使用，可以稳定控制二氧化硫排放浓度小于 $200 \ mg/m^3$，若要使二氧化硫排放浓度小于 $100 \ mg/m^3$，稳定性欠佳。

（3）湿法脱硫

湿法脱硫，包括石灰石-石膏湿法脱硫（钙基湿法脱硫）、钠基湿法脱硫和氨法脱硫，钠基湿法脱硫和氨法脱硫目前在水泥工业应用较少，石灰石-石膏湿法脱硫则应用成熟，脱硫率可达 99%，可有效控制二氧化硫浓度在 $35 \ mg/m^3$ 以下。

3.4.1.3 氮氧化物

氮氧化物的产生与燃烧状况密切相关，因此可采取工艺控制措施，如低氮燃烧器、分解炉分级燃烧等；也可采用末端治理的方法，如 SNCR、SCR，都是有效去除氮氧化物的环保措施。

（1）工艺控制措施

低氮燃烧器通过调整内、外风速和风量比例，可以灵活调节火焰形状和燃烧强度，使煤粉分级燃烧，缩短在高温区的停留时间，相应减少了氮氧化物产生量。根据《水泥工业污染防治最佳可行技术指南》，采用低氮燃烧器可减少氮氧化物产生量的 5%～15%。分解炉分级燃烧包括空气分级和燃料分级两种，都是通过对燃烧过程的控制，在分解炉内产生局部还原性气氛，使生成的氮氧化物被部分还原，从而实现水泥窑系统氮氧化物减排。根据《水泥工业污染防治最佳可行技术指南》，采用分解炉分级燃烧技术可减少氮氧化物产生量的 10%～20%。

（2）末端治理措施

末端治理措施主要包括选择性非催化还原技术（SNCR）和选择性催化还原技术（SCR）。SNCR 技术是通过向高温烟气（850～1 100℃）中喷入还原剂（常用液氨、氨水和尿素等），将烟气中的氮氧化物还原成氮气和水。该技术系统简单，氮氧化物去除效率为 60%～70%，排放浓度可控制在 100～240 mg/m³。SCR 技术是在适当的温度（300～400℃）下，在水泥窑预热器出口处的催化反应器前，喷入还原剂（常用氨水或尿素等），在催化剂的作用下，将烟气中的氮氧化物还原成氮气和水。该技术氮氧化物去除效率可达 85%～90%，可进一步降低氮氧化物浓度，但该技术一次性投资较大，运行成本主要取决于催化剂使用寿命。由于水泥窑废气颗粒物浓度高，且含有碱金属，易使催化剂磨损、堵塞和中毒，需要采用可靠的清灰技术与合适的催化剂。

从目前水泥行业的 SCR 技术的发展情况来看，有两种选择：一种选择是将 SCR 设备安装在除尘器之前，这时烟气温度较高，可满足催化还原反应要求，但由于粉尘浓度过高，会造成催化剂磨损和堵塞。另一种选择是将 SCR 设备安装在除尘器之后，这时粉尘浓度非常低，没有了催化剂堵塞问题，但由于温度下降较多，催化还原反应温度不够。目前业内倾向于将 SCR 设备安装在除尘器之后，希望通过加热的方式提高烟气温度，从而满足 SCR 的反应温度要求。

另外，《水泥工业污染防治技术政策》（环境保护部公告 2013 年第 31 号）就提出对水泥窑氮氧化物排放控制采用 SCR、SNCR-SCR 等处理技术，具体为在低氮燃烧技术（低氮燃烧器、分解炉分级燃烧、燃料替代等）的基础上，选择采用 SNCR、SCR 或 SNCR-SCR 复合技术。新建水泥窑鼓励采用 SCR 技术、SNCR-SCR 复合技术，以实现深度脱氮。

3.4.1.4 重金属和二噁英类

烟气中的重金属主要以固态和气态的形式存在，当烟气经过余热锅炉和急冷塔冷却后，气态部分转化为固态颗粒，再利用活性炭将其吸附后通过布袋除尘器收集处置。减少烟气中二噁英类排放的控制措施主要包括：①源头控制，减少入窑垃圾量和控制入窑垃圾质量；②燃烧过程控制，包括改进燃烧工况、燃烧过程中投加抑制剂和辅煤燃烧；③减少烟气在 200～500℃温度区域的停留时间；④采取活性炭吸附措施，并设置高效袋式除尘器。

在布袋除尘器前喷入粉状活性炭，可吸附烟气中的重金属和二噁英类。这样，在袋式除尘器除尘的过程中，附着在粉尘中的重金属和二噁英类以及被活性炭吸附的重金属和二噁英类同时被除去，从而减少烟气中重金属和二噁英类的排放。

3.4.2 废水处理技术

水泥工业排污单位废水排放量普遍较小，对水环境的污染主要分为生产废水和生活污水两部分，当前大部分水泥工业排污单位都建立了循环水系统，废水经过处理后循环利用，循环利用率在 90%～95%，基本可以实现"零排放"。只有小部分排污单位废水经过处理后排入城市污水管网或排入地表水系。

水泥工业排污单位根据废水的水质特征和废水的排放去向采用不同的废水治理技术，一般采用两级或三级处理，选择适当的工艺，使其排放的废水达到《建设项目竣工环境保护验收技术规范　水泥制造》（HJ/T 256—2006）、《污水综合排放标准》（GB 8978—1996）及其他地方排放标准或特殊水质的排放标准要求。

一级处理常用工艺包括过滤、沉淀、混凝沉淀（气浮）等技术，通过一级处理后可以均衡废水的水质及水量，有效去除悬浮物等污染物，调节 pH 及温度，以满足后续生化处理的要求。

二级处理主要为生化处理过程，常见厌氧工艺包括水解酸化、升流式厌氧污泥床（UASB）、内循环升流式厌氧反应器、厌氧膨胀颗粒污泥床（EGSB）等，好氧工艺主要包括完全混合活性污泥法、氧化沟、序批式活性污泥法（SBR）、厌氧/好氧（A/O）等。通常依据一级处理后的出水情况选择适当的工艺，当废水通过一级处理后 COD_{Cr} 浓度大于 1 500 mg/L，宜采用厌氧与好氧相结合的方式。通过生化工段的处理，可有效降解悬浮和溶解在废水中的有机污染物。

三级处理一般可采用物理、化学或者物理化学相结合的方式，主要工艺技术包括混凝沉淀（气浮）、吸附、过滤、高级氧化（以 Fenton 法为主）等，通过三级处理能够进一步去除水中的污染物质。

废水处理可行性技术工艺流程如图 3-4 所示。

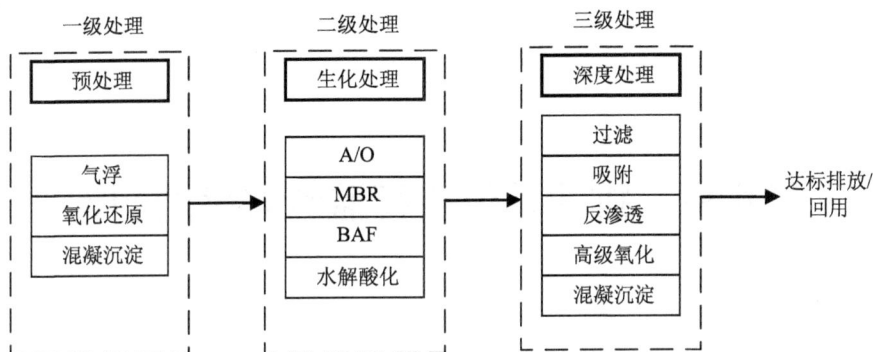

每一级处理均可以采用一种工艺或多种工艺组合

MBR—膜生物反应器；BAF—曝气生物滤池

图 3-4　废水处理可行性技术工艺流程

3.4.3　噪声污染治理技术

　　水泥工业企业噪声主要分为机械噪声和空气动力性噪声，主要的降噪措施包括车间采用具有良好隔声效果的封闭结构；对振动较大的设备采取减振措施，并安置于独立的设备间内；工艺中高压排气使用消声器来降低噪声；各类风机及泵类设备噪声主要采取基础减振措施和消声措施。

第 4 章　排污单位自行监测方案的制定

立足排污单位自行监测在我国污染源监测管理制度中的定位，根据水泥工业发展概况和污染排放特征，我国发布了《总则》、《排污单位自行监测技术指南　火力发电及锅炉》（HJ 820—2017）、《水泥工业指南》等相关标准规范，这是水泥工业排污单位制定自行监测方案的依据。为了让标准规范的使用者更好地理解标准中规定的内容，本章重点围绕《水泥工业指南》的具体要求，一方面对其中部分要求的来源和考虑进行说明，另一方面对使用过程中需要注意的重点事项进行说明，以期为《水泥工业指南》的使用者提供更加详细的信息。

4.1　监测方案制定的依据

2017 年 4 月，环境保护部发布了《总则》和《排污单位自行监测技术指南　火力发电及锅炉》（HJ 820—2017），同年 11 月，发布了《水泥工业指南》，这是水泥工业排污单位确定监测方案的重要依据。

根据自行监测技术指南体系设计思路，水泥工业排污单位主要是按照《水泥工业指南》确定监测方案，其中《水泥工业指南》中未规定，但《总则》中进行了明确规定的内容，应按照《总则》执行。

另外，锅炉广泛分布在各类工业企业中，水泥工业排污单位中也会有自备电厂或工业锅炉。对于水泥工业排污单位中的自备电厂或工业锅炉，应按照《排污单位自行监测技术指南　火力发电及锅炉》（HJ 820—2017）确定监测方案。

4.2　废气排放监测

4.2.1　有组织废气

4.2.1.1　有组织废气排放源

根据本书第 3 章的分析，按照生产过程，有组织废气排放源包括以下三方面。

（1）水泥制造

水泥制造过程有组织废气排放源包括：水泥窑及窑尾余热利用系统排气筒，水泥窑窑头（冷却机）排气筒，烘干机、烘干磨、煤磨排气筒，破碎机、磨机、包装机、原料库、均化库、生料库、输送设备、煤场等通风生产设备的排气筒，水泥窑旁路放风排气筒。

（2）矿山开采

矿山开采过程有组织排放源包括：破碎机排气筒，装卸、输送等设备排气筒。

（3）散装水泥中转站及水泥制品生产

散装水泥中转站及水泥制品生产过程有组织排放源包括：水泥仓除尘器排气筒，卸料口、转运点等扬尘点集尘罩排气筒。

对于协同处置固体废物的，除上述排放源外，有组织废气排放源还包括：水泥窑旁路放风系统排气筒，固体废物储存、预处理单元排气筒等。

4.2.1.2　有组织废气排放监测指标及频次

《水泥工业指南》主要考虑了水泥窑及窑尾余热利用系统、窑头（冷却机）、烘干机/烘干磨/煤磨、破碎机/磨机/包装机、输送设备及其他通风生产设备、水泥窑旁路放风系统以及固体废物储存、预处理单元等有组织废气排放的监测要求，见表 4-1～表 4-2。

表 4-1　有组织废气监测指标的最低监测频次

生产过程	监测点位	监测指标	监测频次 [a]
水泥制造	水泥窑及窑尾余热利用系统排气筒	颗粒物、氮氧化物、二氧化硫	自动监测
		氨 [b]	季度
		氟化物（以总 F 计）、汞及其化合物	半年
	水泥窑窑头（冷却机）排气筒	颗粒物	自动监测
	烘干机、烘干磨、煤磨排气筒	颗粒物、二氧化硫 [c]、氮氧化物 [c]	半年 [d]
	破碎机、磨机、包装机排气筒	颗粒物	半年 [d]
	输送设备及其他通风生产设备的排气筒	颗粒物	两年
矿山开采	破碎机排气筒	颗粒物	半年 [d]
	输送设备及其他通风生产设备的排气筒	颗粒物	两年
散装水泥中转站及水泥制品生产	水泥仓及其他通风生产设备的排气筒	颗粒物	两年

注：废气监测需按照相关标准分析方法、技术规范同步监测烟气参数。

[a]：重点控制区可根据管理需要适当增加监测频次；

[b]：适用于使用氨水、尿素等含氨物质作为还原剂，去除烟气中氮氧化物的生产工艺；

[c]：适用于采用独立热源的烘干设备或利用窑尾余热烘干经独立排气筒排放的粉磨工艺；

[d]：排污单位应合理安排监测计划，保证每个季度相同种类治理设施的监测点位数量基本平均分布。

表 4-2　协同处置固体废物时有组织废气监测指标的最低监测频次

监测点位	监测指标	监测频次 [a]	
		协同处置非危险废物	协同处置危险废物
水泥窑及窑尾余热利用系统排气筒	颗粒物、二氧化硫、氮氧化物	自动监测	自动监测
	氨 [b]	季度	季度
	汞及其化合物	半年	半年
	氯化氢（HCl）、氟化氢（HF）、铊、镉、铅、砷及其化合物（以 Tl+Cd+Pb+As 计）、铍、铬、锡、锑、铜、钴、锰、镍、钒及其化合物（以 Be+Cr+Sn+Sb+Cu+Co+Mn+Ni+V 计）、总有机碳（TOC）[c]	半年	季度
	二噁英类	年	年

监测点位	监测指标	监测频次 [a]	
		协同处置非危险废物	协同处置危险废物
水泥窑旁路放风系统排气筒	颗粒物、氮氧化物、二氧化硫、氨 [b]、氯化氢（HCl）、氟化氢（HF）、汞及其化合物、铊、镉、铅、砷及其化合物（以 Tl+Cd+Pb+As 计）、铍、铬、锡、锑、铜、钴、锰、镍、钒及其化合物（以 Be+Cr+Sn+Sb+Cu+Co+Mn+Ni+V 计）、总有机碳（TOC） [c~d]	半年	季度
	二噁英类	年	年
固体废物储存、预处理单元排气筒 [e]	臭气浓度、硫化氢、氨、颗粒物	半年	—
	臭气浓度、硫化氢、氨、非甲烷总烃、颗粒物	—	季度

注：废气监测需按照相关技术规范同步监测烟气参数。

[a]：重点控制区可根据管理需要适当增加监测频次；

[b]：适用于使用氨水、尿素等含氨物质作为还原剂，去除烟气中氮氧化物的生产工艺；

[c]：在国家标准监测方法发布前，TOC 可按照《水泥窑协同处置固体废物环境保护技术规范》（HJ 662—2013）和《固定污染源废气　总烃、甲烷和非甲烷总烃的测定　气相色谱法》（HJ 38—2017）等相关标准进行监测；

[d]：适用于协同处置危险废物的水泥（熟料）制造排污单位；

[e]：2015 年 1 月 1 日（含）后取得环境影响评价批复的排污单位还应根据环境影响评价文件及其批复或其他环境管理要求确定其他监测项目。

自备电厂和工业锅炉的监测要求参照《排污单位自行监测技术指南　火力发电及锅炉》（HJ 820—2017）执行。若涉及个别独特的工艺或设备，《水泥工业指南》中未进行细化的，参照《总则》要求执行。

4.2.1.3　有组织废气排放监测要求的确定

（1）水泥制造

①水泥窑及窑尾余热利用系统排气筒

水泥工业排污单位的主要污染物排放集中在水泥窑及窑尾余热利用系统部分和水泥窑窑头（冷却机）部分的排气筒，二氧化硫和氮氧化物约有 90% 以上集中在窑尾及窑尾余热利用系统的排气筒排放，窑尾及窑头的颗粒物排放占企业颗粒物排放总量的 65% 以上。《中华人民共和国大气污染防治法》第二十四条规定，重点排污单位应当安装、使用大气污染物排放自动监测设备，与生态环境管理部门的监控设备联网，保证监测设备正常运行并依法公开排放信息。绝大部分水泥企业窑头、窑尾目前已全部安装了在线监测设备。水泥工业排污单位属于大气环境重点排污单位，窑尾颗粒物、二氧化硫和氮氧化物及窑头颗粒物为常规污染物，因此，监测频次应实施连续监测。窑尾氟化物（以总 F 计）和氨为常规污染物，汞及其化合物为有毒污染物，依据《总则》关于监测频次的规定，对水泥窑及窑尾余热利用系统氨的监测频次为季度，氟化物、汞及其化合物的监测频次为半年。其中，氨只适用于使用氨水、尿素等含氨物质作为还原剂，去除烟气中氮氧化物的生产工艺。

②烘干机、烘干磨、煤磨排气筒

烘干机、烘干磨、煤磨排气筒排放的主要污染物为颗粒物，这部分颗粒物排放约占企业颗粒物排放总量的 10%。依据《总则》中主要排污口常规污染物的频次规定，结合实际情况，对上述三项指标按半年监测。

③破碎机、磨机、包装机排气筒

破碎机、磨机、包装机排气筒排放的主要污染物为颗粒物，这部分颗粒物排放约占企业颗粒物排放总量的 10%。依据《总则》中主要排污口常规污染物的频次规定，结合实际情况，对颗粒物按半年监测。

④输送设备及其他通风生产设备排气筒

输送设备及其他通风生产设备排气筒排放的主要污染物为颗粒物，占企业颗粒物总排放量的 15% 以下。这部分排气筒数量较多，每条生产线有 30～100 个排气筒，全部监测对于企业负担偏重。综合考虑以上多方面因素，对此类排气筒的监测频次定为每两年一次。

（2）矿山开采

①破碎机排气筒

矿山开采生产过程破碎机排气筒排放的主要污染物为颗粒物，此类排放口为主要排放口。依据《总则》中主要排污口常规污染物的频次规定，结合实际情况，将这部分排气筒的监测频次定为半年。

②输送设备及其他通风生产设备的排气筒

矿山开采生产过程中的输送设备及其他通风生产设备的排气筒主要排放污染物为颗粒物，此类排放口是非主要排放口，依据《总则》中非主要排污口监测频次的规定，结合实际情况，将这部分排气筒的监测频次定为两年。

（3）散装水泥中转站及水泥制品生产

水泥仓及其他通风生产设备排气筒排放的主要污染物为颗粒物，此类排放口非主要排放口，依据《总则》中非主要排污口监测频次的规定，结合实际情况，将这部分排气筒的监测频次定为两年。

（4）协同处置固体废物

①水泥窑及窑尾余热利用系统排气筒

对于协同处置固体废物的水泥工业排污单位，其水泥窑及窑尾余热利用系统排气筒按照《水泥窑协同处置固体废物污染控制标准》（GB 30485—2013）的要求，除颗粒物、二氧化硫、氮氧化物和氟 4 个监测指标按照《水泥工业大气污染物排放标准》（GB 4915—2013）执行外，这类水泥工业排污单位在其处理固体废物时应监测氯化氢、氟化氢、总有机碳、铊、镉、铅、砷及其化合物（以 Tl+Cd+Pb+As 计）、铍、铬、锡、锑、铜、钴、锰、镍、钒及其化合物（以 Be+Cr+Sn+Sb+Cu+Co+Mn+Ni+V 计）、二噁英类等指标。其中，氨这项指标只适用于使用氨水、尿素等含氨物质作为还原剂，去除烟气中氮氧化物的生产工艺；颗粒物、二氧化硫和氮氧化物为常规污染物，监测频次实施连续监测；氨为常规污染物，汞及其化合物为有毒污染物，依据《总则》关于监测频次的规定，对水泥窑及窑尾余热利用系统氨的监测频次定为季度、汞及其化合物的监测频次定为半年；氯化氢、氟化氢、铊、镉、铅、砷及其化合物（以 Tl+Cd+Pb+As 计）、铍、铬、锡、锑、铜、钴、锰、镍、钒及其化合物（以 Be+Cr+Sn+Sb+Cu+Co+Mn+Ni+V 计）、总有机碳为其他污染物，依据《总则》关于监测频次的规定，综合考虑处置固体废物的类别，将协同处置危险废物的窑尾排气筒监测频次定为季度，协同处置非危险废物的窑尾排气筒监测频次定为半年；二噁英类为有毒污染物，但由于其监测成本较高，将监测频次定为年。

②水泥窑旁路放风系统排气筒

协同处置固体废物的水泥窑为了避免水泥窑内循环过程中挥发性元素和物质在窑内过度积累，一般设计旁路放风系统，其排气筒为非主要排放口。根据《水泥工业大气污染物排放标准》（GB 4915—2013）和《水泥窑协同处置固体废物污染控制标准》（GB 30485—2013）的要求，协同处置固体废物的水泥窑旁路放风系统排气筒污染控制指标为颗粒物、氮氧化物、二氧化硫、氨、汞及其化合物、氯化氢、氟化氢、铊、镉、铅、砷及其化合物（以 Tl+Cd+Pb+As 计）、铍、铬、锡、锑、铜、钴、锰、镍、钒及其化合物（以 Be+Cr+Sn+Sb+Cu+Co+Mn+Ni+V 计）、总有机碳、二噁英类。按照《水泥窑协同处置固体废物污染控制标准》（GB 30485—2013）中的相关规定，这部分排气筒的监测频次与水泥窑及窑尾余热利用系统排气筒相同，即在水泥窑协同处置危险废物时，除二噁英类外，每季度开展一次。协同处置非危险废物时，除二噁英类外，每半年开展一次。对于二噁英类的监测频次要求为每年一次。其中，对于氨这项指标，只适用于使用氨水、尿素等含氨物质作为还原剂，去除烟气中氮氧化物的生产工艺；对于总有机碳这项指标，仅适用于协同处置危险废物的水泥（熟料）制造排污单位。同时按照《水泥窑协同处置危险废物经营许可证审查指南（试行）》的要求，协同处置危险废物的水泥工业排污单位若旁路放风为独立排气筒，总有机碳（TOC）的排放浓度不应超过 10 mg/m³；若与水泥窑及窑尾余热利用系统共用烟囱，因协同处置危险废物增加，TOC 浓度不应超过 10 mg/m³。

③固体废物储存、预处理单元排气筒

协同处置固体废物的水泥工业排污单位其固体废物储存、预处理单元可能产生一定的废气类污染物。由于协同处置固体废物的种类不同，其可能产生的废气污染物也不尽相同。如协同处置生活垃圾，可能产生恶臭类污染物，需要根据《恶臭污染物排放标准》（GB 14554—93）控制指标进行监测；如果处置一般工业固体废物，其大气污染物的排放应满足《大气污染物综合排放标准》（GB 16297—1996）

的要求；如协同处置危险废物，其导出气体处理后，应满足《危险废物贮存污染控制标准》（GB 18597—2001）和《恶臭污染物排放标准》（GB 14554—93）的要求方可排放；如协同处置飞灰，其预处理单元可能排放含有重金属和二噁英类的废气。

综上所述，水泥企业协同处置固体废物的储存和预处理单元废气排放较为复杂，而实际上这些固体废物的储存停留时间均比较短。因此，经综合考虑，现有污染源在协同处置非危险废物时，监测指标为臭气浓度、硫化氢、氨、颗粒物，监测频次为半年；现有污染源在协同处置危险废物时按照《水泥窑协同处置危险废物经营许可证审查指南（试行）》的要求，监测指标为臭气浓度、硫化氢、氨、非甲烷总烃、颗粒物，监测频次为季度。新增污染源在协同处置固体废物时，除按现有污染源所规定的监测指标外，还应依据环境影响评价文件及其批复或其他环境管理要求确定其他污染物监测指标，监测频次依据《水泥窑协同处置固体废物污染控制标准》（GB 30485—2013）的要求执行，即处置危险废物时，监测频次为季度；处置非危险废物时，监测频次为半年。

④需要说明的事项

在国家标准监测方法发布前，总有机碳可按照《水泥窑协同处置固体废物环境保护技术规范》（HJ 662—2013）和《固定污染源废气　总烃、甲烷和非甲烷总烃的测定　气相色谱法》（HJ 38—2017）等相关标准进行监测。

（5）同步监测烟气参数

在开展废气排放监测时，要按照污染物排放标准和分析方法的要求，开展相关烟气参数的监测，主要目的是满足污染物折算和评价的要求。烟气参数包括废气流量、烟气温度、烟气压力、烟气氧含量、水分含量等。

4.2.2　无组织废气

水泥工业大气污染物无组织排放主要是物料储存、运输过程中产生的颗粒物，另外，脱硝系统中的氨水储存及输送系统可能的"跑冒滴漏"会造成氨的无组织排放。按照《水泥工业大气污染物排放标准》（GB 4915—2013）的要求，一般水泥工业排污单位需要在厂界设置监测点位监测颗粒物。对使用氨水、尿素等含氨物质作为还原剂去除烟气中氮氧化物的一般水泥工业排污单位，标准要求监测颗粒物和氨。

利用水泥窑协同处置非危险废物时，按照《水泥工业大气污染物排放标准》（GB 4915—2013）的要求在厂界监测颗粒物，同时按照《水泥窑协同处置固体废物污染控制标准》（GB 30485—2013）的相关规定，执行《恶臭污染物排放标准》（GB 14554—93），应同时选取臭气浓度、硫化氢、氨作为监测指标。

利用水泥窑协同处置危险废物时，现有污染源按照《水泥窑协同处置危险废物经营许可证审查指南（试行）》的相关规定，要求水泥工业排污单位无组织排放的恶臭污染物浓度满足《恶臭污染物排放标准》（GB 14554—93）的要求，非甲烷总烃排放浓度满足《大气污染物综合排放标准》（GB 16297—1996）的要求，该种类型排污单位监测指标为颗粒物、臭气浓度、硫化氢、氨、非甲烷总烃。依据《总则》的相关规定，水泥工业排污单位无组织废气排放颗粒物监测频次为季度，其他指标监测频次为每年一次。

对于无组织排放，主要根据各类水泥工业企业涉及的无组织排放源类型提出了监测指标及监测频次要求，见表4-3。按照《水泥工业大气污染物排放标准》（GB 4915—2013）的要求，应在厂界外 20 m 上风向处设置参照点，下风向处设置监控点。同时，开展无组织废气排放监测时，应按照《大气污染物无组织排放监测技术导则》（HJ/T 55—2000）的要求记录气象等相关参数信息。

表 4-3   无组织废气排放监测指标的最低监测频次

监测点位	监测指标	监测频次
厂界	颗粒物	季度
	氨[a]、硫化氢[b]、臭气浓度[b]、非甲烷总烃[c]	年

注：[a]：适用于使用氨水、尿素等含氨物质作为还原剂去除烟气中氮氧化物的水泥工业排污单位，以及利用水泥窑协同处置固体废物的排污单位；

　　[b]：适用于利用水泥窑协同处置固体废物的排污单位；

　　[c]：适用于利用水泥窑协同处置危险废物的排污单位。

4.3 废水排放监测

4.3.1 监测点位及监测指标的确定

（1）水泥工业企业废水来源

①机械设备间接冷却循环水；②余热发电机组冷却水、软水处理废水；③实验室、化验室试验用水；④对于水泥窑协同处置固体废物工艺，其生产废水还包括储存及预处理单元产生的渗滤液；⑤冲刷废水，用于生产车间冲洗、车辆冲洗等。

由于不同排污单位所包含的生产工序有所差异，如有的排污单位包含协同处置固体废物工序，会产生储存及预处理单元生成的渗滤液，因此，不同排污单位根据所含工序不同，包含上述一项或多项来源的废水。

（2）污染物指标确定

根据《建设项目竣工环境保护验收技术规范　水泥制造》（HJ/T 256—2006）、《污水综合排放标准》（GB 8978—1996），纳入国家排放标准管控的废水污染物指标包括 pH、悬浮物、化学需氧量、五日生化需氧量、石油类、氟化物、氨氮、总磷。对于包含协同处置固体废物工艺的水泥工业排污单位，须在车间或车间废水处理设施排放口监测总汞、总镉、总铬、六价铬、总砷、总铅等污染物。

根据我国水污染物排放标准相关规定，污染物监控位置包括企业废水总排放口、车间或生产设施废水排放口两类。对于毒性较大、环境风险较高、仅是特定工序产生的重金属等污染物，监控位置在车间或生产设施废水排放口，这样可以避免其他废水混合后造成稀释排放，在污染物未得到有效治理的情况下实现浓度达标。其他多数工序都会产生毒性相对较小、环境风险相对较低的污染物指标，监控位置多为企业废水总排放口。

综合考虑以上因素，将水泥工业排污单位的废水排放口分为两种情形：①废水总排放口：来自不同工序的废水最终经企业废水总排放口排出；②协同处置固体废物车间废水排放口：排放标准规定的重金属指标的监控位置。各排污口可能涉及的污染物指标见表4-4。

表4-4　废水排放监测点位、监测污染物指标

废水排放口	排放标准中规定的污染物指标	适用条件
企业总排口	pH、悬浮物、化学需氧量、五日生化需氧量、石油类、氟化物、氨氮、总磷	适用于废水外排的所有水泥工业排污单位
协同处置固体废物车间或车间废水处理设施排放口	总汞、总镉、总铬、六价铬、总砷、总铅	适用于废水外排的协同处置固体废物的水泥工业排污单位

因此，排污单位在设置废水监测点位时，包含协同处置固体废物工艺的水泥工业企业，须在车间或车间废水处理设施排放口设置监测点位；所有水泥工业企业均须在企业废水总排放口设置监测点位。

4.3.2　最低监测频次的确定

4.3.2.1　排污单位分类

《中华人民共和国环境保护法》《中华人民共和国大气污染防治法》《中华人民共和国水污染防治法》均对重点排污单位的监测责任提出了明确要求，并提出重点排污单位的条件由国务院环境保护主管部门规定。为了落实《中华人民共和国环境保护法》《中华人民共和国大气污染防治法》《中华人民共和国水污染防治法》，2017年环境保护部印发了《重点排污单位名录管理规定（试行）》（环办监测〔2017〕86号），明确了重点排污单位的筛选条件，规范了重点排污单位的名录管理。

根据《重点排污单位名录管理规定（试行）》，设区的市级地方人民政府环境保护主管部门依据本行政区域的环境承载力、环境质量改善要求和本规定的筛选条件，每年商有关部门筛选污染物排放量较大、排放有毒有害污染物等具有较大

环境风险的企事业单位，确定下一年度本行政区域重点排污单位名录并公开。重点排污单位名录实行分类管理，按照受污染的环境要素分为水环境重点排污单位名录、大气环境重点排污单位名录、土壤环境污染重点监管单位名录、声环境重点排污单位名录，以及其他重点排污单位名录五类，同一家企事业单位因排污种类不同可以同时属于不同类别的重点排污单位。纳入重点排污单位名录的企事业单位应明确所属类别和主要污染物指标。

　　根据《重点排污单位名录管理规定（试行）》，所有水泥工业排污单位均为水环境非重点排污单位，按照《总则》中非重点排污单位监测的要求执行。

4.3.2.2　废水监测频次

（1）监测频次的一般要求

　　根据《水泥工业指南》的要求，水泥工业排污单位废水排放口各监测指标的最低监测频次按表 4-5 执行。排污单位可根据管理要求或实际情况在表 4-5 的基础上增加监测频次。

表 4-5　废水排放监测点位、监测指标及最低监测频次

监测点位	监测指标	监测频次	适用条件
废水总排放口	pH、悬浮物、化学需氧量、五日生化需氧量、石油类、氟化物、氨氮、总磷	半年	适用于废水外排的所有水泥工业排污单位
车间或车间处理设施排放口	总汞、总镉、总铬、六价铬、总砷、总铅	半年	适用于废水外排的协同处置固体废物的水泥工业排污单位

注：2015 年 1 月 1 日（含）后取得环境影响评价批复的排污单位的其他监测指标还依据环境影响评价文件及其批复确定。

（2）监测频次确定的主要考虑

　　所有水泥工业排污单位均为水环境非重点排污单位，其废水绝大部分循环利用，几乎无外排，其产生的生产和生活废水对环境影响很小。综合考虑，废水不外排的排污单位不需要进行监测；废水外排的排污单位，监测频次设置为半年。

4.4 厂界环境噪声监测

厂界环境噪声监测点位设置应遵循《总则》中的原则：根据厂内主要噪声源距厂界位置布点；根据厂界周围敏感目标布点；"厂中厂"是否需要监测由内部和外围排污单位协商确定；面临海洋、大江、大河的厂界，原则上不布点；厂界紧邻交通干线不布点；厂界紧邻另一排污单位的，在临近另一排污单位是否布点由排污单位协商确定。

对于水泥工业排污单位内的噪声源，主要考虑表 4-6 中噪声源在厂区内的分布情况，若排污单位内还存在其他噪声源，应一并考虑，同时根据不同噪声源的强度选择对周边居民影响最大的位置开展监测。厂界环境噪声每季度至少开展一次昼夜监测。监测的目的主要是促进排污单位做好降噪措施，降低对周边居民的影响，因此周边有敏感点的，应提高监测频次，具体的监测频次可由周边居民、排污单位、管理部门共同协商确定。

表 4-6 厂界环境噪声布点应关注的主要噪声源

噪声源	主要设备
机械噪声	磨机、破碎机、物料输送机等
空气动力噪声	风机、空压机等
电磁噪声	电机等

4.5 周边环境质量影响监测

若环境影响评价文件及其批复、相关环境管理政策有明确要求的，排污单位应按要求开展相应的周边环境质量要素监测。

鉴于多数环境影响评价报告书（表）及其批复对水泥排污单位周边土壤环境

质量监测少有提及，仅要求协同处置固体废物的水泥工业排污单位开展对周边土壤的环境质量监测。根据《水泥窑协同处置固体废物污染控制标准》（GB 30485—2013）确定监测指标为重金属，具体包括：汞、铊、镉、铅、砷、铍、铬、锡、锑、铜、钴、锰、镍、钒。按照《土壤环境监测技术规范》（HJ/T 166—2004）的相关规定设置周边土壤环境质量监测点位。按照《土壤污染防治行动计划》的相关规定，确定监测频次为年。

　　除此之外，排污单位认为有必要开展其他环境要素监测，以便更好地说清自身排放状况对周边环境质量影响状况的，也可参照《总则》、环境影响评价技术文件、环境质量监测技术规范开展监测。

4.6　其他要求

（1）《水泥工业指南》中未规定的污染物指标

水泥工业排污单位所持的排污许可证中载明的其他污染物指标或其他环境管理明确要求管控的污染物指标，也应纳入自行监测范围。另外，除《水泥工业指南》规定的典型工艺所涉及的污染物指标外，排污单位根据生产过程的原辅用料、生产工艺、中间及最终产品类型、监测结果确定实际排放的，在有毒有害或优先控制污染物相关名录中的污染物指标，或其他有毒污染物指标，也应纳入自行监测范围。这些纳入自行监测范围的污染物指标，应参照《水泥工业指南》中表 1~表 4，以及《总则》确定监测点位和监测频次。

（2）监测频次的确定

《水泥工业指南》中的监测频次均为最低监测频次，排污单位在确保各指标的监测频次满足《水泥工业指南》的基础上，可根据《总则》中监测频次的确定原则提高监测频次。监测频次的确定原则为不应低于国家或地方发布的标准、规范性文件、规划、环境影响评价文件及其批复等明确规定的监测频次；主要排放口的监测频次高于非主要排放口；主要监测指标的监测频次高于其他监测指标；排向敏感地区的应适当增加监测频次；排放状况波动大的，应适当增加监测频次；历史稳定达标状况较差的需增加监测频次，达标状况良好的可以适当降低监测频次；监测成本应与排污企业自身能力相一致，尽量避免重复监测。

（3）其他要求

对于《水泥工业指南》中未规定的内容，如内部监测点位设置及监测要求，采样方法、监测分析方法、监测质量保证与质量控制，监测方案的描述、变更等按照《总则》执行。

4.7 自行监测方案案例示例

为了便于自行监测方案制定者更好地理解和应用，本章提供了可供参考的监测方案示例，排污单位可根据本单位实际情况进行调整完善，作为本单位的监测方案使用。

4.7.1 示例 1：某利用水泥窑协同处置固体废物的水泥企业

（1）企业基本情况

××有限公司，具备水泥生产与协同处置固体废物的环保型企业，自行监测方式为自动监测与手工监测相结合的方式，自动监测委托××有限公司进行运维；手工监测委托××检测中心等开展监测工作。该企业有一条水泥窑协同处置固体废物生产线，设有飞灰处理车间、磨粉车间、固体废物处置车间××个；生产废水经过处理后循环利用，生活污水主要来源是全厂职工及其家属的日常生活废水，排入现有污水处理站经处理处置后，经过加压进入中水管网供生产喷水、道路清洗、厂区绿化浇洒等，不外排。

（2）自行监测方案

①废气监测内容

有组织废气排放监测方案见表4-7。

表 4-7　有组织废气排放监测方案

排放口	监测指标	排放限值	监测方式	监测频次	评价标准
一线窑头（DA001）	颗粒物	20 mg/m³	自动监测	连续	《水泥工业大气污染物排放标准》（GB 4915—2013）
一线窑尾（DA002）	二氧化硫	20 mg/m³	自动监测	连续	《水泥工业大气污染物排放标准》（GB 4915—2013）
	氮氧化物	200 mg/m³	自动监测	连续	
	颗粒物	20 mg/m³	自动监测	连续	
	氨	5 mg/m³	手工监测	季度	
	氟化物（以总氟计）	2 mg/m³	手工监测	半年	
	汞及其化合物	0.05 mg/m³	手工监测	半年	
	氟化氢	1 mg/m³	手工监测	半年	
	氯化氢	10 mg/m³	手工监测	半年	
	铊、镉、铅、砷及其化合物（以 Tl+Cd+Pb+As 计）	1 mg/m³	手工监测	半年	《水泥窑协同处置固体废物污染控制标准》（GB 30485—2013）
	铍、铬、锡、锑、铜、钴、锰、镍、钒及其化合物（以 Be+Cr+Sn+Sb+Cu+Co+Mn+Ni+V 计）	0.5 mg/m³	手工监测	半年	
	总有机碳	10 mg/m³	手工监测	半年	
	二噁英类	0.1 ngTEQ/m³	手工监测	年	
……	……	……	……	……	……
飞灰处理车间排放口（DA013）	颗粒物	20 mg/m³	手工监测	半年	《水泥工业大气污染物排放标准》（GB 4915—2013）
磨机排放口（DA014）	颗粒物	20 mg/m³	手工监测	半年	
固废处置车间（DA015）	颗粒物	20 mg/m³	手工监测	半年	
……	……	……	……	……	……

　　根据企业实际情况，在固体废物处置车间及厂界设置无组织废气排放监测点位，具体见表 4-8。

表 4-8　无组织废气排放监测方案

监测点位	监测指标	排放限值	技术手段	监测频次	评价标准
厂界	颗粒物	0.5 mg/m³	手工监测	季度	《水泥工业大气污染物排放标准》（GB 4915—2013）
	硫化氢	0.06 mg/m³	手工监测	年	《恶臭污染物排放标准》（GB 14554—93）
	氨	1.5 mg/m³	手工监测	年	
	臭气浓度	20（无量纲）	手工监测	年	
固体废物处置车间	氨	2.0 mg/m³	手工监测	半年	
	颗粒物	1.0 mg/m³	手工监测	半年	

②厂界环境噪声

对工厂四周环境噪声开展监测，监测方案见表 4-9。

表 4-9　厂界环境噪声监测

监测点位	监测指标	排放限值/dB（A）	监测方式	监测频次	评价标准
厂界北外 1 m 处	等效 A 声级	上限：60（昼）；50（夜）	手工监测	季度	《工业企业厂界环境噪声排放标准》（GB 12348—2008）
厂界西外 1 m 处		上限：60（昼）；50（夜）			
厂界南外 1 m 处		上限：60（昼）；50（夜）			
厂界东外 1 m 处		上限：60（昼）；50（夜）			

③周边环境质量影响

对周边土壤环境状况开展监测，监测方案见表 4-10。

表 4-10　周边环境监测方案

检测介质	监测方式	监测项目	筛选值/（mg/kg）	评价标准
土壤	手工监测	汞	38	《建设用地土壤污染风险管控标准（试行）》(GB 36600—2018)二类用地筛选值
		镉	65	
		铅	800	
		砷	60	
土壤	手工监测	铬	5.7	《建设用地土壤污染风险管控标准（试行）》(GB 36600—2018)二类用地筛选值
		铜	18 000	
		镍	900	
		钒	752	
		铍	29	
		锑	180	
		钴	70	
		锰	—	
		铊	—	
		锡	—	

4.7.2　示例 2：某水泥制造企业

（1）企业基本情况

××城市中型水泥制造企业，处于需要严格控制大气污染物排放的重点地区，有两条水泥生产线，窑头窑尾均已安装在线监测设备，水泥库、配料库、熟料生产间若干，生产废水在本厂处理后循环使用，生活污水通过市政管网排入下游污水处理厂处理，排放执行该省（区、市）《污水综合排放标准》地方标准。

（2）自行监测方案

①有组织废气

有组织废气排放监测方案见表 4-11。

表 4-11　有组织废气排放监测方案

排放口	监测指标	排放限值	技术手段	监测频次	分析方法	公开时限
一线、二线窑头（DA001/DA003）	颗粒物	20 mg/m³	自动监测	连续	—	次日9点公开前一日在线数据
一线、二线窑尾（DA002/DA004）	颗粒物	20 mg/m³	自动监测	连续	—	
	二氧化硫	20 mg/m³	自动监测	连续	—	
	氮氧化物	200 mg/m³	自动监测	连续	—	
一线、二线窑尾（DA002/DA004）	氨	5 mg/m³	手工监测	季度	《环境空气和废气　氨的测定　纳氏试剂分光光度法》（HJ 533—2009）	出具监测报告后次日公布
	氟化物（以总氟计）	2 mg/m³	手工监测	半年	《大气固定污染源　氟化物的测定　离子选择电极法》（HJ/T 67—2001）	
	汞及其化合物	0.05 mg/m³	手工监测	半年	《固定污染源废气　汞的测定　冷原子吸收分光光度法（暂行）》（HJ 543—2009）	
1～4号水泥库（DA005～DA008）	颗粒物	10 mg/m³	手工监测	半年	《固定污染源废气　低浓度颗粒物的测定　重量法》（HJ 836—2017）	
配料库（DA009）	颗粒物	10 mg/m³	手工监测	两年		
1～7号熟料生产间（DA010～DA016）	颗粒物	10 mg/m³	手工监测	两年		
……	……	……	……	……		……

②无组织废气

无组织废气排放监测方案见表 4-12。

表 4-12　无组织废气排放监测方案

监测点位	监测指标	排放限值	技术手段	监测频次	分析方法	公开时限
厂界	颗粒物	0.5 mg/m³	手工监测	季度	《环境空气　总悬浮颗粒物的测定　重量法》（HJ 1263—2022）	出具监测报告后次日公布

③生活污水

废水排放监测方案见表 4-13。

表 4-13　废水排放监测方案

监测点位	监测指标	排放限值	技术手段	监测频次	分析方法	公开时限
厂区总排口（DW001）	pH	6～9（无量纲）	手工监测	半年	《水质　pH 值的测定　电极法》（HJ 1147—2020）	出具监测报告后次日公布
	氨氮	45 mg/L			《水质　氨氮的测定　纳氏试剂分光光度法》（HJ 535—2009）	
	动植物油	100 mg/L			《水质　石油类和动植物油类的测定　红外分光光度法》（HJ 637—2018）	
	化学需氧量	500 mg/L			《水质　化学需氧量的测定　重铬酸盐法》（HJ 828—2017）	
	五日生化需氧量	300 mg/L			《水质　五日生化需氧量（BOD_5）的测定　稀释与接种法》（HJ 505—2009）	
	悬浮物	400 mg/L			《水质　悬浮物的测定　重量法》（GB 11901—89）	
	总氮	70 mg/L			《水质　总氮的测定　碱性过硫酸钾消解紫外分光光度法》（HJ 636—2012）	
	总磷	8 mg/L			《水质　总磷的测定　钼酸铵分光光度法》（GB 11893—89）	

④厂界环境噪声

厂界环境噪声监测方案见表 4-14。

表 4-14　厂界环境噪声监测方案

监测点位	监测指标	排放限值/dB（A）	监测频次	监测方法
厂界（7 个点）	等效 A 声级	55（夜）；65（昼）	季度	《工业企业厂界环境噪声排放标准》（GB 12348—2008）

4.7.3 示例 3：某水泥粉磨站

小型水泥粉磨站，仅将水泥熟料加入适量的混合材料进行粉磨，产出成品水泥，无生产废水。

有组织废气排放监测方案见表 4-15。

表 4-15 有组织废气排放监测方案

排放口	监测指标	排放限值	技术手段	监测频次	评价标准
熟料堆棚（DA001～DA005）	颗粒物	20 mg/m³	手工监测	年	《水泥工业大气污染物排放标准》（GB 4915—2013）
辊压排放口（DA006～DA008）	颗粒物	20 mg/m³	手工监测	年	
……	……	……	……	……	……

无组织废气排放监测方案见表 4-16。

表 4-16 无组织废气排放监测方案

监测点位	监测指标	排放限值	技术手段	监测频次	评价标准
厂界	颗粒物	0.5 mg/m³	手工监测	季度	《水泥工业大气污染物排放标准》（GB 4915—2013）

厂界环境噪声排放监测方案见表 4-17。

表 4-17 厂界环境噪声排放监测方案

监测点位	监测指标	排放限值/dB（A）	监测频次	评价标准
厂界（4 个点）	等效 A 声级	55（夜）；65（昼）	季度	《工业企业厂界环境噪声排放标准》（GB 12348—2008）

第5章 监测设施设置与维护要求

监测设施是监测活动开展的重要基础，监测设施的规范性直接影响监测数据质量。我国涉及的监测设施设置与维护要求的标准规范有很多，但相对零散，且存在一定的衔接不够紧密的地方。本章立足现有的标准规范，结合污染源监测实际开展情况，对监测设施设置与维护要求进行全面梳理和总结，供开展污染源监测的相关人员参考。

5.1 基本原则和相关依据

5.1.1 基本原则

排污单位应当依据国家污染源监测的相关标准规范、污染物排放标准、自行监测相关技术指南和其他相关规定等进行监测点位的确定和排污口规范化设置；地方颁布执行的污染源监测标准规范、污染物排放标准等对监测点位的确定和排污口规范化设置有要求时，可按照地方规范、标准从严执行。

5.1.2 相关依据

排污单位的排污口主要包括废水排放口和废气排放口。

目前，国家有关废水监测点位确定及排污口规范化设置的标准规范主要包括

《污水监测技术规范》（HJ 91.1—2019）、《地表水环境质量监测技术规范》（HJ 91.2—2022）、《水污染物排放总量监测技术规范》（HJ/T 92—2002）、《固定污染源监测质量保证与质量控制技术规范（试行）》（HJ/T 373—2007）、《水污染源在线监测系统（COD_{Cr}、NH_3-N 等）安装技术规范》（HJ 353—2019）等。

废气监测点位确定及规范化设置的标准规范主要包括《固定污染源排气中颗粒物测定与气态污染物采样方法》（GB/T 16157—1996）、《固定源废气监测技术规范》（HJ/T 397—2007）、《固定污染源监测质量保证与质量控制技术规范（试行）》（HJ/T 373—2007）、《固定污染源烟气（SO_2、NO_x、颗粒物）排放连续监测技术规范》（HJ 75—2017）、《固定污染源烟气（SO_2、NO_x、颗粒物）排放连续监测系统技术要求及检测方法》（HJ 76—2017）等。

对于各类污染物排放口监测点位标志牌的规范化设置，主要依据《排放口标志牌技术规格》（国家环保总局 环办〔2003〕95 号），以及《环境保护图形标志——排放口（源）》（GB 15562.1—1995）等执行。

此外，《排污口规范化整治技术要求（试行）》（环监〔1996〕470 号）对排污口规范化整治技术提出了总体要求，部分省、自治区、直辖市、地级市也对其辖区排污口的规范化管理发布了技术规定、标准；各行业污染物排放标准以及各重点行业的排污单位自行监测的相关技术指南则对废水、废气排放口监测点位进行了进一步明确。

5.2　废水监测点位的确定及排污口规范化设置

5.2.1　废水排放口的类型及监测点位确定

排污单位的废水排放口一般包括废水总排口、车间废水排放口、雨水排放口、生活污水排放口等。

废水总排口排放的废水一般应包括排污单位的生产废水、生活污水、初期雨水、事故废水等，开展自行监测的排污单位均需在废水总排口设置监测点位。

对于排放一类污染物的排污单位，即排放环境中难以降解或能在动植物体内蓄积，对人体健康和生态环境产生长远不良影响，具有致癌、致畸、致突变污染物的排污单位，必须在车间废水排放口设置监测点位，对一类污染物进行监测。

部分排污单位的生产废水和生活污水分别设置了排放口，对于此类排污单位，除在生产废水排放口设置监测点位外，还应在生活污水排放口设置监测点位。

此外，排污单位还应根据各行业自行监测技术指南的相关要求，设置监测点位。

5.2.2 废水排放口的规范化设置

废水排放口的设置，应满足以下要求：

（1）排放口应按照《环境保护图形标志——排放口（源）》（GB 15562.1—1995）的要求设置明显标志，废水排放口可以是矩形、圆管形或梯形，一般使用混凝土、钢板或钢管等原料。

（2）排放口应满足现场采样和流量测定要求，用暗管或暗渠排污的，应设置一段能满足采样条件和流量测量的明渠。测流段水流应平直、稳定、集中，无下游水流顶托影响，上游顺直长度应大于 5 倍测流段最大水面宽度，同时测流段水深应大于 0.1 m 且不超过 1 m。

（3）废水排放口应能够方便安装三角堰、矩形堰、测流槽等测流装置或其他计量装置。有废水自动监测设施的排放口，还应能够满足安装污水水量自动计量装置（如超声波明渠流量计、管道式电磁流量计等）、采样取水系统、水质自动采样器等设备、设施的要求。

（4）排污单位应单独设置各类废水排放口，避免多家不同排污单位共用一个废水排放口。

5.2.3 采样点及监测平台的规范化设置

各类废水排放口的实际采样位置即采样点，一般应设在排污单位厂界内或厂界外不超过 10 m 范围内。压力管道式排放口应安装取样阀门；废水直接从暗渠排入市政管道的，应在排污单位厂界内或排入市政管道前设置取样口。有条件的排污单位应尽量设置一段能满足采样条件的明渠，以方便采样。

污水面在地下或距地面超过 1 m，应配建取样台阶或梯架。监测平台面积应不小于 1 m²，平台应设置不低于 1.2 m 的防护栏、高度不低于 10 cm 的脚部挡板。监测平台、梯架通道及防护栏的相关设计载荷及制造安装应符合《固定式钢梯及平台安全要求　第 3 部分：工业防护栏杆及钢平台》（GB 4053.3—2009）的要求。

应保证污水监测点位场所通风、照明正常，还应在有毒有害气体的监测场所设置强制通风系统，并安装相应的气体浓度报警装置。

5.2.4　废水自动监测设施的规范化设置

5.2.4.1　监测站房

废水自动监测站房的设置，应满足以下要求：

（1）应建有专用监测站房，新建监测站房面积应满足不同监控站房的功能需要，并保证水污染源在线监测系统的摆放、运转和维护，使用面积应不小于 15 m²，站房高度应不低于 2.8 m。

（2）监测站房应尽量靠近采样点，与采样点的距离应小于 50 m。

（3）监测站房应安装空调和冬季采暖设备，空调具有来电自启动功能，具备温湿度计，保证室内清洁，环境温度、相对湿度和大气压等应符合《工业过程测量和控制装置的工作条件　第一部分：气候条件》（GB/T 17214.1—1998）的要求。

（4）监测站房内应配置安全合格的配电设备，能提供足够的电力负荷，功率≥5 kW，站房内应配置稳压电源。

（5）监测站房内应配置合格的给排水设施，使用符合实验要求的用水清洗仪器及有关装置。

（6）监测站房应有完善规范的接地装置和避雷措施、防盗和防止人为破坏的设施，接地装置安装工程的施工应满足《电气装置安装工程　接地装置施工及验收规范》（GB 50169—2016）的相关要求，建筑物防雷设计应满足《建筑物防雷设计规范》（GB 50057—2016）的相关要求。

（7）监测站房内应配备灭火器箱、手提式二氧化碳灭火器、干粉灭火器或沙桶等，并按消防相关要求布置。

（8）监测站房不应位于通信盲区，应能够实现数据传输。

（9）监测站房的设置应避免对排污单位安全生产和环境造成影响。

（10）监测站房内、采样口等区域应安装视频监控设施。

5.2.4.2　水质自动采样单元的设置

废水自动监测设备的水质自动采样单元设置，应满足以下要求：

（1）水质自动采样单元具有采集瞬时水样及混合水样，混匀及暂存水样、自动润洗及排空混匀桶，以及留样功能。

（2）pH 水质自动分析仪和温/湿度计应原位测量或测量瞬时水样。

（3）COD_{Cr}、TOC、NH_3-N、TP、TN 水质自动分析仪应测量混合水样。

（4）水质自动采样单元的构造应保证将水样不变质地输送到各水质分析仪，应有必要的防冻和防腐设施。

（5）水质自动采样单元应设置混合水样的人工比对采样口。

（6）水质自动采样单元的管路宜设置为明管，并标注水流方向。

（7）水质自动采样单元的管材应采用优质的聚氯乙烯（PVC）、三丙聚丙烯（PPR）等不影响分析结果的硬管。

（8）采用明渠流量计测量流量时，水质自动采样单元的采水口应设置在堰槽前方，合流后充分混合的场所，并尽量设在流量监测单元标准化计量堰（槽）取水口头部的流路中央，采水口朝向与水流的方向一致，减少采水部前端的堵塞。采水装置宜设置成可随水面的涨落而上下移动的形式。

（9）采样泵应根据采样流量、水质自动采样单元的水头损失及水位差合理选择。应使用寿命长、易维护，并且对水质参数没有影响的采样泵，安装位置应便于采样泵的维护。

5.2.4.3 水污染源在线监测仪器安装要求

水污染源在线监测仪器的安装，应满足以下要求：

（1）水污染源在线监测仪器的各种电缆和管路应加保护管，保护管应在地下铺设或空中架设，空中架设的电缆应附着在牢固的桥架上，并在电缆、管路以及电缆和管路的两端设立明显标识。电缆线路的施工应满足《电气装置安装工程　电缆线路施工及验收标准》（GB 50168—2018）的相关要求。

（2）各仪器应落地或壁挂式安装，有必要的防振措施，保证设备安装牢固稳定。在仪器周围应留有足够空间，方便仪器维护。其他要求参照仪器相应说明书相关内容，应满足《自动化仪表工程施工及质量验收规范》（GB 50093—2013）的相关要求。

（3）必要时（如南方的雷电多发区），仪器和电源也应设置防雷设施。

5.2.4.4 流量计的安装要求

流量计的安装，应满足以下要求：

（1）采用明渠流量计测定流量，应按照《明渠堰槽流量计试行检定规程》（JJG 711—1990）、《城市排水流量堰槽测量标准　三角形薄壁堰》（CJ/T 3008.1—1993）、《城市排水流量堰槽测量标准　矩形薄壁堰》（CJ/T 3008.2—1993）、《城市排水流量堰槽测量标准　巴歇尔量水槽》（CJ/T 3008.3—1993）等的技术要求修建或安装标准化计量堰（槽），并通过计量部门检定。主要流量堰槽的安装规范见 HJ 353—2019 附录 D。

（2）应根据测量流量范围选择合适的标准化计量堰（槽），根据计量堰（槽）的类型确定明渠流量计的安装点位，具体要求如表 5-1 所示。

表 5-1 明渠流量计的安装点位

序号	堰槽类型	测量流量范围/（m³/s）	流量计安装位置
1	巴歇尔槽	$0.1 \times 10^{-3} \sim 93$	应位于堰槽入口段（收缩段）1/3 处
2	三角形薄壁堰	$0.2 \times 10^{-3} \sim 1.8$	应位于堰板上游 3～4 倍最大液位处
3	矩形薄壁堰	$1.4 \times 10^{-3} \sim 49$	应位于堰板上游 3～4 倍最大液位处

（3）采用管道电磁流量计测定流量，应按照《环境保护产品技术要求 电磁管道流量计》（HJ/T 367—2007）等进行选型、设计和安装，并通过计量部门检定。

（4）电磁流量计在垂直管道上安装时，被测流体的流向应自下而上，在水平管道上安装时，两个测量电极不应在管道的正上方和正下方位置。流量计上游直管段长度和安装支撑方式应符合设计文件要求。管道设计应保证流量计测量部分管道水流时刻满管。

（5）流量计应安装牢固稳定，有必要的防振措施。仪器周围应留有足够空间，方便仪器维护与比对。

5.3 废气监测点位的确定及规范化设置

5.3.1 废气排放口类型及监测点位的确定

排污单位的废气排放口一般包括生产设施工艺废气排放口、自备火力发电机组（厂）或配套动力锅炉废气排放口、污染处理设施排放口（如污水处理设施废气排放口）等。

排气筒（烟道）是目前排污单位废气有组织排放的主要排放口，因此，有组织废气的监测点位通常设置在排气筒（烟道）的横截断面（监测断面）上，并通过监测断面上的监测孔完成废气污染物的采样监测及流速、流量等废气参数的测量。

废气排放口监测点位的确定包括监测断面的设置及监测孔的设置两部分。排污单位应按照相关技术规范、标准的规定，根据所监测的污染物类别、监测技术手段的不同要求，先确定具体的废气排放口监测断面位置，再确定监测断面上监测孔的位置、数量。

5.3.2　监测断面规范化设置

5.3.2.1　基本要求

废气排放口监测断面包括手工监测断面和自动监测断面，监测断面设置应满足以下基本要求：

（1）监测断面应避开对测试人员操作有危险的场所，并在满足相关监测技术规范、标准规定的前提下，尽量选择方便监测人员操作、设备运输、安装的位置进行设置。

（2）若一个固定污染源排放的废气先通过多个烟道或管道后进入该固定污染源的总排气管，应尽可能将废气监测断面设置在总排气管上，不得只在其中一个烟道或管道上设置监测断面开展监测，并将测定值作为该污染源的排放结果；但允许在每个烟道或管道上均设置监测断面并同步开展废气污染物排放监测。

（3）监测断面一般优先选择设置在烟道垂直管段和负压区域，应避开烟道弯头和断面急剧变化的部位，确保所采集样品的代表性。

5.3.2.2　手工监测断面设置的具体要求

对于废气手工监测断面，在满足本书 5.3.2.1 中基本要求的同时，还应按照以下具体规定进行设置：

（1）颗粒态污染物及流速、流量监测断面

①监测断面的流速应不小于 5 m/s。

②监测断面位置应位于距弯头、阀门、变径管下游方向不小于 6 倍直径（当

量直径）和距上述部件上游方向不小于 3 倍直径（当量直径）处。

对矩形烟道，其当量直径按式（5-1）计算：

$$D = \frac{2AB}{A+B} \tag{5-1}$$

式中，A、B——边长。

③现场空间位置有限，很难满足②中要求时，可选择比较适宜的管段采样。手工监测位置与弯头、阀门、变径管等的距离至少是烟道直径的 1.5 倍，并应适当增加测点的数量和采样频次。

（2）气态污染物监测断面

手工监测时若需要同步监测颗粒态污染物及流速、流量，则监测断面应按照本书 5.3.2.2（1）中相关要求设置；若不按上述要求设置，需避开涡流区。

5.3.2.3　自动监测断面设置的具体要求

对于废气自动监测断面，在满足本书 5.3.2.1 中基本要求的同时，还应按照以下具体规定进行设置：

（1）一般要求

①位于固定污染源排放控制设备的下游和比对监测断面、比对采样监测孔的上游，且便于用参比方法进行校验；

②不受环境光线和电磁辐射的影响；

③烟道振动幅度尽可能小；

④安装位置应尽量避开烟气中水滴和水雾的干扰，如不能避开，应选用能够适用的检测探头及仪器；

⑤安装位置不漏风；

⑥固定污染源烟气净化设备设置有旁路烟道时，应在旁路烟道内安装自动监测设备采样和分析探头。

（2）颗粒态污染物及流速、流量监测断面

①监测断面的流速应不小于 5 m/s。

②用于颗粒物及流速自动监测设备采样和分析探头安装的监测断面位置，应设置在距弯头、阀门、变径管下游方向不小于 4 倍烟道直径，以及距上述部件上游方向不小于 2 倍烟道直径处。矩形烟道当量直径可按照式（5-1）计算。

③无法满足②中要求时，颗粒物及流速自动监测设备采样和分析探头的安装位置尽可能选择在气流稳定的断面，并采取相应措施保证监测断面烟气分布相对均匀，断面无紊流。对烟气分布均匀程度的判定采用相对均方根 σ_r 法，当 $\sigma_r \leqslant 0.15$ 时视为烟气分布均匀，σ_r 按照式（5-2）计算：

$$\sigma_r = \sqrt{\frac{\sum\limits_{i=1}^{n}(v_i - \overline{v})^2}{(n-1)\times \overline{v}^2}} \tag{5-2}$$

式中，v_i——测点烟气流速，m/s；

$\overline{v}$——截面烟气平均流速，m/s；

n——截面上的速度测点数目，测点的选择按照《固定污染源排气中颗粒物测定与气态污染物采样方法》（GB/T 16157—1996）执行。

（3）气态污染物监测断面

①对于气态污染物自动监测设备采样和分析探头的安装位置，应设置在距弯头、阀门、变径管下游方向不小于 2 倍烟道直径，以及距上述部件上游方向不小于 0.5 倍烟道直径处。矩形烟道当量直径可按照式（5-1）计算。

②无法满足①中要求时，应按照本书 5.3.2.3（2）③中的相关要求及式（5-2）计算，设置监测断面。

③同步进行颗粒态污染物及流速、流量监测的，应优先满足颗粒态污染物及流速、流量监测断面的设置条件，监测断面的流速应不小于 5 m/s。

5.3.3　监测孔的规范化设置

5.3.3.1　监测孔规范化设置的基本要求

监测孔一般包括用于废气污染物排放监测的手工监测孔、用于废气自动监测设备校验的参比方法采样监测孔。

监测孔的设置应满足以下基本要求：

（1）监测孔位置应便于人员开展监测工作，应设置在规则的圆形或矩形烟道上，不宜设置在烟道顶层。

（2）对于输送高温或有毒有害气体的烟道，监测孔应开在烟道的负压段；若负压段满足不了开孔需求，对正压下输送高温和有毒气体的烟道，应安装带有闸板阀的密封监测孔，见图 5-1。

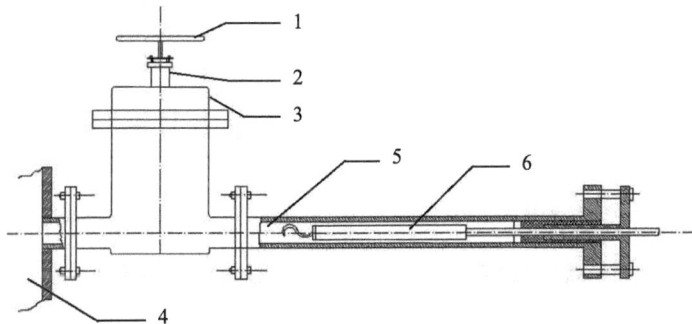

1—闸板阀手轮；2—闸板阀阀杆；3—闸板阀阀体；4—烟道；5—监测孔管；6—采样枪

图 5-1　带有闸板阀的密封监测孔

（3）监测孔的内径一般不小于 80 mm，新建或改建污染源废气排放口监测孔的内径应不小于 90 mm；监测孔管长不大于 50 mm（安装闸板阀的监测孔管除外）。监测孔在不使用时用盖板或管帽封闭，在监测使用时应易开合。

5.3.3.2 手工监测开孔的具体要求

在确定的监测断面上设置手工监测的监测孔时，应在满足本书 5.3.3.1 中基本要求的同时，按照以下具体规定设置：

（1）若监测断面为圆形的烟道，监测孔应设在包括各测点在内的互相垂直的直径线上，其中，断面直径小于 3 m 时，应设置相互垂直的 2 个监测孔；断面直径大于 3 m 时，应设置相互垂直的 4 个监测孔，见图 5-2。

（2）若监测断面为矩形烟道，监测孔应设在包括各测点在内的延长线上，其中，监测断面宽度大于 3 m 时，应尽量在烟道两侧对开监测孔，具体监测孔数量按照《固定污染源排气中颗粒物与气态污染物采样方法》的要求确定，见图 5-3。

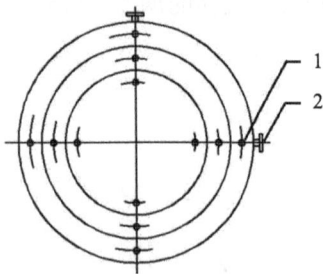

1—测点；2—监测孔

图 5-2　圆形断面测点与监测孔

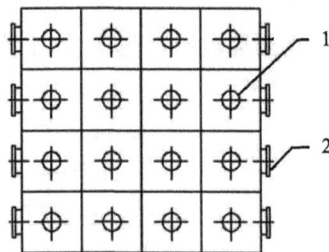

1—测点；2—监测孔

图 5-3　矩形断面测点与监测孔

5.3.3.3 自动监测设备参比方法采样监测开孔的具体要求

废气自动监测设备参比方法采样监测孔的设置，在满足本书 5.3.3.1 中基本要求的同时，还应按照以下具体规定设置：

（1）应在自动监测断面下游预留参比方法采样监测孔，在互不影响测量的前提下，参比方法采样监测孔应尽可能靠近废气自动监测断面，距离约 0.5 m 为宜。

（2）若监测断面为圆形烟道，参比方法采样监测孔应设在包括各测点在内的互相垂直的直径线上，其中，断面直径小于 4 m 时，应设置相互垂直的 2 个监测孔；断面直径大于 4 m 时，应尽量设置相互垂直的 4 个监测孔。

（3）若监测断面为矩形烟道，参比方法采样监测孔应设在包括各测点在内的延长线上，监测断面宽度大于 4 m 时，应尽量在烟道两侧对开监测孔，具体监测孔数量按照《固定污染源排气中颗粒物与气态污染物采样方法》的要求确定。

5.3.4　监测平台的规范化设置

监测平台应设置在监测孔的正下方 1.2～1.3 m 处，应安全、便于开展监测活动，必要时应设置多层平台以满足与监测孔距离的要求。

仅用于手工监测的平台可操作面积至少应大于 1.5 m² （长度、宽度均不小于 1.2 m），最好在 2 m² 以上。用于安装废气自动监测设备和进行参比方法采样监测的平台面积至少在 4 m² 以上（长度、宽度均不小于 2 m），或不小于采样枪长度外延 1 m。

监测平台应易于人员和监测仪器到达。应根据平台高度，按照《固定式钢梯及平台安全要求　第 1 部分：钢直梯》（GB 4053.1—2009）、《固定式钢梯及平台安全要求　第 2 部分：钢斜梯》（GB 4053.2—2009）的要求，设置直梯或斜梯。当监测平台距离地面或其他坠落面距离超过 2 m 时，不应设置直梯，应有通往平台的斜梯、旋梯或通过升降梯、电梯到达，斜梯、旋梯宽度应不小于 0.9 m，梯子倾角不超过 45°，其他具体指标详见 GB 4053.1—2009 和 GB 4053.2—2009。监测平台距离地面或其他坠落面距离超过 20 m 时，应有通往平台的升降梯，见图 5-4。

监测平台、通道的防护栏杆的高度应不低于 1.2 m，踢脚板不低于 10 cm。监测平台、通道、防护栏的设计载荷、制造安装、材料、结构及防护要求应符合《固定式钢梯及平台安全要求　第 3 部分：工业防护栏杆及钢平台》（GB 4053.3—2009）的要求，见图 5-5。

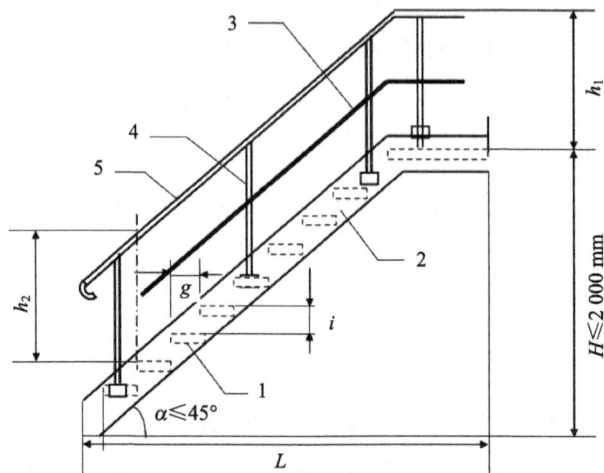

1—踏板；2—梯梁；3—中间栏杆；4—立柱；5—扶手；H—梯高；L—梯跨；

h_1—栏杆高；h_2—扶手高；α—梯子倾角；i—踏步高；g—踏步宽

图 5-4　固定式钢斜梯

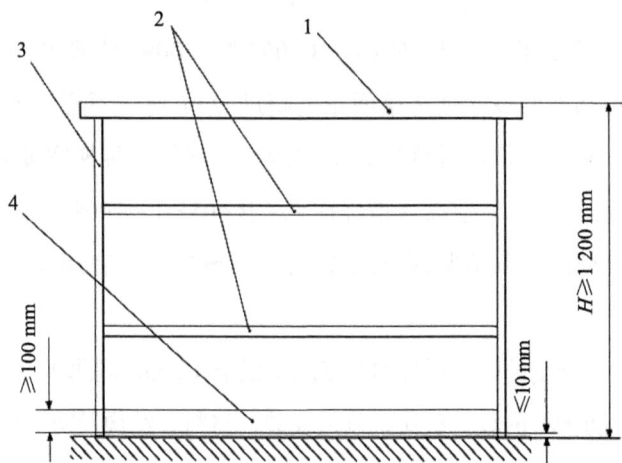

1—扶手（顶部栏杆）；2—中间栏杆；3—立柱；4—踢脚板；H—栏杆高度

图 5-5　防护栏杆

　　监测平台应设置一个防水低压配电箱，内设漏电保护器、不少于 2 个 16 A 插座及 2 个 10 A 插座，保证监测设备所需电力。

　　监测平台附近有造成人体机械伤害、灼烫、腐蚀、触电等危险源的，应在平台相应位置设置防护装置。监测平台上方有坠落物体隐患时，应在监测平台上方高处设置防护装置。防护装置的设计与制造应符合《机械安全　防护装置　固定式和活动式防护装置的设计与制造一般要求》（GB/T 8196—2003）的要求。

　　排放剧毒、致癌物及对人体有严重危害物质的监测点位应储备相应安全防护装备。

5.3.5　废气自动监测设施的规范化设置

5.3.5.1　监测站房的设置

　　废气自动监测站房的设置，应满足以下要求：

　　（1）应为室外的 CEMS 提供独立站房，监测站房与采样点之间距离应尽可能近，原则上不超过 70 m。

　　（2）监测站房的基础荷载强度应≥2 000 kg/m^2。若站房内仅放置单台机柜，面积应≥2.5 m×2.5 m。若同一站房放置多套分析仪表的，每增加一台机柜，站房面积应至少增加 3 m^2，以便于开展运维操作。站房空间高度应≥2.8 m，站房建在标高≥0 m 处。

　　（3）监测站房内应安装空调和采暖设备，室内温度应保持在 15～30℃，相对湿度应≤60%，空调应具有来电自动重启功能，站房内应安装排风扇或其他通风设施。

　　（4）监测站房内配电功率能够满足仪表实际要求，功率≥8 kW，至少预留三孔插座 5 个、稳压电源 1 个、UPS 电源 1 个。

　　（5）监测站房内应配备不同浓度的有证标准气体，且在有效期内。标准气体应当包含零气（含二氧化硫、氮氧化物浓度均≤0.1 μmol/mol 的标准气体，一般为高纯氮气，纯度≥99.999%；当测量烟气中二氧化碳时，零气中二氧化碳≤400 μmol/mol，含有其他气体的浓度不得干扰仪器的读数）和 CEMS 测量的各种气体（SO_2、NO_x、O_2）的量程标气，以满足日常零点、量程校准、校验的需要。低浓度标准气体可由高浓度标准气体通过经校准合格的等比例稀释设备获得（精密度≤1%），也可单独配备。

（6）监测站房应有必要的防水、防潮、隔热、保温措施，在特定场合还应具备防爆功能。

（7）监测站房应具有能够满足废气自动监测系统数据传输要求的通信条件。

5.3.5.2 自动监测设备的安装施工要求

（1）废气自动监测系统安装施工应符合《自动化仪表工程施工及质量验收规范》（GB 50093—2013）、《电气装置安装工程电缆线路施工及验收标准》（GB 50168—2018）的规定。

（2）施工单位应熟悉废气自动监测系统的原理、结构、性能，编制施工方案、施工技术流程图、设备技术文件、设计图样、监测设备及配件货物清单交接明细表、施工安全细则等有关文件。

（3）设备技术文件应包括资料清单、产品合格证、机械结构、电气、仪表安装的技术说明书、装箱清单、配套件、外购件检验合格证和使用说明书等。

（4）设计图样应符合技术制图、机械制图、电气制图、建筑结构制图等标准的规定。

（5）设备安装前的清理、检查及保养应符合以下要求。

①按交货清单和安装图样明细表清点检查设备及零部件，缺损件应及时处理，更换补齐；

②运转部件如取样泵、压缩机、监测仪器等，滑动部位均需清洗、注油润滑防护；

③因运输造成变形的仪器、设备的结构件应校正，并重新涂刷防锈漆及表面

油漆，保养完毕后应恢复原标记。

（6）现场端连接材料（垫片、螺母、螺栓、短管、法兰等）为焊件组对成焊时，壁（板）的错边量应符合以下要求：

①管子或管件对口、内壁齐平，最大错边量≤1 mm；

②采样孔的法兰与连接法兰几何尺寸极限偏差不超过±5 mm，法兰端面的垂直度极限偏差≤0.2%；

③采用透射法原理颗粒物监测仪器发射单元和颗粒物监测仪反射单元，测量光束从发射孔的中心出射到对面中心线相叠合的极限偏差≤0.2%。

（7）从探头到分析仪的整条采样管线的敷设应采用桥架或穿管等方式，保证整条管线具有良好的支撑。管线倾斜度≥5°，防止管线内积水，在每隔 4～5 m 处装线卡箍。当使用伴热管线时应具备稳定、均匀加热和保温的功能；其设置加热温度≥120℃，且应高于烟气露点温度 10℃以上，其实际温度值应能够在机柜或系统软件中显示查询。

（8）电缆桥架安装应满足最大直径电缆的最小弯曲半径要求。电缆桥架的连接应采用连接片。配电套管应采用钢管和 PVC 管材质配线管，其弯曲半径应满足最小弯曲半径要求。

（9）应将动力与信号电缆分开敷设，保证电缆通路及电缆保护管的密封，自控电缆应符合输入和输出分开、数字信号和模拟信号分开配线和敷设的要求。

（10）安装精度和连接部件坐标尺寸应符合技术文件和图样规定。监测站房仪器应排列整齐，监测仪器顶平直度和平面度应不大于 5 mm，监测仪器牢固固定，可靠接地。二次接线正确、牢固可靠，配导线的端部应标明回路编号。配线工艺整齐，绑扎牢固，绝缘性好。

（11）各连接管路、法兰、阀门封口垫圈应牢固完整，均不得有漏气、漏水现象。保持所有管路畅通，保证气路阀门、排水系统安装后应畅通和启闭灵活。自动监测系统空载运行 24 小时后，管路不得出现脱落、渗漏、振动强烈的现象。

（12）反吹气应为干燥清洁气体，反吹系统应进行耐压强度试验，试验压力为常用工作压力的 1.5 倍。

（13）电气控制和电气负载设备的外壳防护应符合《外壳防护等级》（GB 4208—2017）的技术要求，户内达到防护等级 IP 24 级，户外达到防护等级 IP 54 级。

（14）防雷、绝缘要求。

①系统仪器设备的工作电源应有良好的接地措施，接地电缆应采用大于 4 mm² 的独芯护套电缆，接地电阻小于 4 Ω，且不能和避雷接地线共用。

②平台、监测站房、交流电源设备、机柜、仪表和设备金属外壳、管缆屏蔽层和套管的防雷接地，可利用厂内区域保护接地网，采用多点接地方式。厂区内不能提供接地线或提供的接地线达不到要求的，应在子站附近重做接地装置。

③监测站房的防雷系统应符合《建筑物防雷设计规范》（GB 50057—2016）的规定，电源线和信号线设防雷装置。

④电源线、信号线与避雷线的平行净距离≥1 m，交叉净距离≥0.3 m，见图 5-6。

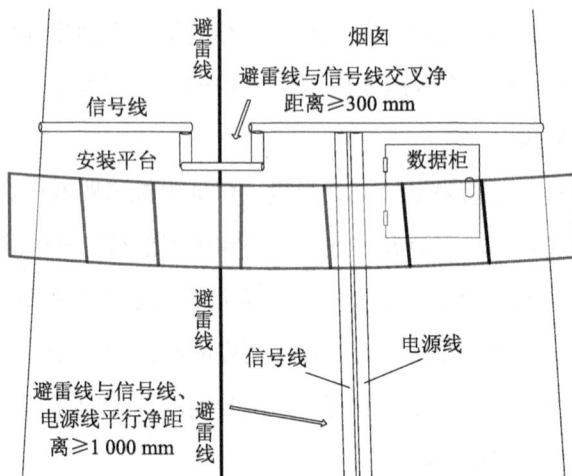

图 5-6　电源线、信号线与避雷线距离

⑤由烟囱或主烟道上数据柜引出的数据信号线要经过避雷器引入监测站房，应将避雷器接地端同站房保护地线可靠连接。

⑥信号线为屏蔽电缆线，屏蔽层应有良好绝缘，不可与机架、柜体发生摩擦、打火，屏蔽层两端及中间均须做接地连接，见图 5-7。

屏蔽电缆

接地线　　　接地线　　　接地线

图 5-7　信号线接地

5.4　排污口标志牌的规范化设置

5.4.1　标志牌设置的基本要求

排污单位应在排污口及监测点位设置标志牌，标志牌分为提示性标志牌和警告性标志牌两种。提示性标志牌用于向人们提供某种环境信息，警告性标志牌用于提醒人们注意污染物排放可能会造成危害。

一般性污染物排放口及监测点位应设置提示性标志牌。排放剧毒、致癌物及对人体有严重危害物质的排放口及监测点位应设置警告性标志牌，警告标志图案应设置于警告性标志牌的下方。

标志牌应设置在距污染物排放口及监测点位较近且醒目处，并能长久保留。

排污单位可根据监测点位情况，设置立式或平面固定式标志牌。

5.4.2　标志牌技术规格

5.4.2.1　环保图形标志

（1）环保图形标志必须符合国家环境保护局和国家技术监督局发布的中华人民共和国国家标准《环境保护图形标志——排放口（源）》（GB 15562.1—1995）。

（2）图形颜色及装置颜色：

①提示标志：底和立柱为绿色，图案、边框、支架和文字为白色；

②警告标志：底和立柱为黄色，图案、边框、支架和文字为黑色。

（3）辅助标志内容

①排放口标志名称；

②单位名称；

③排放口编号；

④污染物种类；

⑤××生态环境局监制；

⑥排放口经纬度坐标、排放去向、执行的污染物排放标准、标志牌设置依据的技术标准等。

（4）辅助标志字型：黑体字。

（5）标志牌尺寸

①平面固定式标志牌外形尺寸：提示标志牌为 480 mm×300 mm；警告标志牌边长为 420 mm；

②立式固定式标志牌外形尺寸：提示标志牌为 420 mm×420 mm；警告标志牌边长为 560 mm；高度为标志牌最上端距地面 2 m。

5.4.2.2　其他要求

（1）标志牌材料

①标志牌采用 1.5～2 mm 冷轧钢板；

②立柱采用 38×4 无缝钢管；

③表面采用搪瓷或者反光贴膜。

（2）标志牌的表面处理

①搪瓷处理或贴膜处理；

②标志牌的端面及立柱要经过防腐处理。

（3）标志牌的外观质量要求

①标志牌、立柱无明显变形；

②标志牌表面无气泡，膜或搪瓷无脱落；

③图案清晰，色泽一致，不得有明显缺损；

④标志牌的表面不应有开裂、脱落及其他破损。

5.5　排污口规范化的日常管理与档案记录

排污单位应将排污口规范化建设纳入企业生产运行的管理体系中，制定相应的管理办法和规章制度，选派专职人员对排污口及监测点位进行日常管理和维护，并保存相关管理记录。

排污单位应建立排污口及监测点位档案。档案内容除包括排污口及监测点位的位置、编号、污染物种类、排放去向、排放规律、执行的排放标准等基本信息外，还应包括相关日常管理的记录，如标志牌的内容是否清晰完整，监测平台、各类梯架、监测孔、自动监测设施等是否能够正常使用，废水排放口是否损坏、排气筒有无漏风、破损现象等方面的检查记录，以及相应的维护、维修记录。

排污口及监测点位一经确认，排污单位不得随意变动。监测点位位置、排污口排放的污染物发生变化的，或排污口须拆除、增加、调整、改造或更新的，应按相关要求及时向生态环境主管部门报备，并及时设立新的标志牌或更换标志牌相应内容。

第6章 废水手工监测技术要点

废水手工监测是一项全面性、系统性的工作。为了规范手工监测活动的开展，我国发布了一系列监测技术规范和方法标准。总体来说，废水手工监测要按照相关的技术规范和方法标准开展。为了便于理解和应用，本章立足现有的技术规范和标准，结合日常工作经验，分别对流量监测、现场手工监测、实验室分析3个方面归纳总结了常见的方法和操作要求，以及方法使用过程中的重点注意事项。对于一些虽然适用，但不够便捷，目前实际应用很少的方法，本书中未进行列举，若排污单位根据实际情况确实需要采用这类方法的，应严格按照方法的适用条件和要求开展相关监测活动。

6.1 流量

流量是排污单位排污总量核算的重要指标，在废水排放监测和管理中有着重要的地位。流量测量最初始于水文水利领域对天然河流、人工运河、引水渠道等的流量监测。对于工业废水的流量监测，目前常用的方法有自动测量和手工测量。

6.1.1 自动测量

自动测量采用污水流量计进行测量，通常包括明渠流量计和管道流量计。通过污水流量计来测量渠道内和管道内废水（或污水）的体积流量。

（1）明渠流量计

利用明渠流量计进行自动测量时，采用超声波液位计和巴歇尔量水槽（以下简称巴氏槽）配合使用进行流量测定，并根据不同尺寸巴氏槽的经验公式计算出流量。需要注意的事项如下：

①巴氏槽安装前，应测算废水排放量并充分考虑污水处理设施的远期扩容，确保巴氏槽能满足最大流量下的测量。巴氏槽的材质要根据污水性质考虑防腐蚀。

②巴氏槽应安装于顺直平坦的渠道段，该段渠道长度不小于槽宽的 10 倍，下游渠道应无阻塞、不壅水，确保巴氏槽的水流处于自由出流状态。渠道应保持清洁，底部无障碍物，水槽应保持牢固可靠、不受损坏，凡有漏水部位应及时修补，每年应校验 1 次液位计的精度和水头零点。详细的安装和维护要求见《城市排水流量堰槽测量标准　巴歇尔量水槽》（CJ/T 3008.3—1993）。

③与巴氏槽配合使用的超声波液位计应注意日常维护，确保稳定运行，出现故障应及时更换。

（2）管道流量计

利用管道流量计测量时，可选择电磁流量计或超声流量计，宜优先选择电磁流量计。需要注意的事项如下：

①电磁流量计的选型应充分考虑测量精度、污水性质、流量范围、排水规律等。流量计的口径通常与管道相同，也可以根据设计流量、流速范围来选择流量计和配套管道，管道中的流速通常以 2～4 m/s 为宜。

②电磁流量计选型时，应充分考虑废水的电导率、最大流量、常用流量、最小流量、工艺管径、管内温度、压力，以及是否有负压存在等信息。

③电磁流量计一定要安装在管路的最低点或者管路的垂直段且务必保证管内满流，若安装在垂直管线，要求水流自下而上，尽量不要自上而下，否则容易出现非满流，使读数波动变化较大。流量计前后应避免有阀门、弯头、三通等结构

存在，以防产生涡流或气泡，影响测流。

④电磁流量计应避免安装在温度变化很大或受到设备高温辐射的场所，若必须安装时，须有隔热、通风的措施；电磁流量计最好安装在室内，若必须安装在室外，应避免雨水淋浇、积水受淹及太阳暴晒，须有防潮和防晒措施；避免安装在含有腐蚀性气体的环境中，必须安装时，须有通风措施；为了安装、维护、保养方便，在电磁流量计周围需有充裕的空间；避免有磁场及强振动源，如管道振动强，在电磁流量计两边应有固定管道的支座。

⑤应对电磁流量计进行周期性检查，定期扫除尘垢确保无沾污，检查接线是否良好。

6.1.2　手工测量

手工测量方法是相对自动测量方法而言的，这种方法操作复杂、准确度较低，仅建议作为不满足自动测量条件或自动测量设施损坏时的临时补救措施，不建议用作长期自行监测手段。常用的测流方法有明渠流速仪、便携式超声波管道测流仪和容积法。

（1）明渠流速仪

明渠流速仪（图 6-1）适用于明渠排水流量的测量，它是通过流速仪测量过水断面不同位置的流速，计算平均流速，再乘以断面面积即得测量时刻的瞬时流量。

用这种方法测量流量时，排污截面底部需硬质平滑，截面形状为规则的几何形，排污口处有不小于 3 m 的平直过流水段，且水位高度不小于 0.1 m。在明渠流量计自动测量断电或损坏时，可用此法临时测量排水流量。

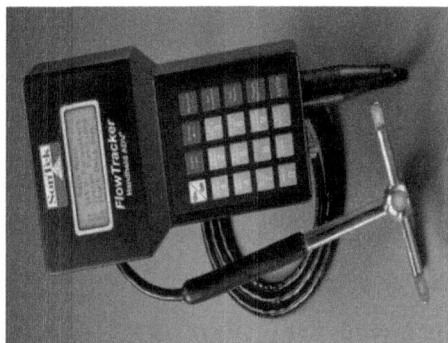

便携式超声波流速仪

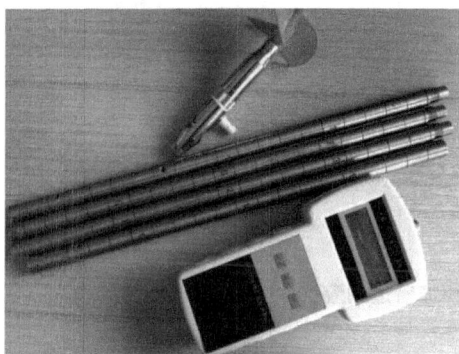

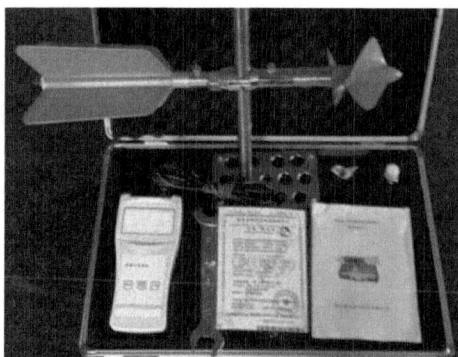

便携式旋桨流速仪

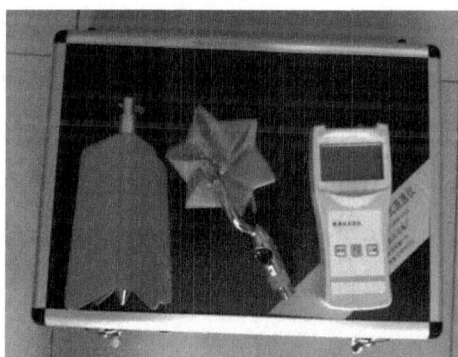

便携式旋杯流速仪

图 6-1　明渠流速仪

（2）便携式超声波管道测流仪

便携式超声波管道测流仪（图 6-2）的使用条件与电磁式自动测流仪一致，适用于顺直管道的满流测量。测量时，沿着管道的流向，将两个传感器分别贴合于管道，错开一定距离，通过两个传感器的时差测量流速，再乘以管道截面积，最终得出流量。测量的管壁应为能传导超声波的密实介质，如铸铁、碳钢、不锈钢、玻璃钢、PVC 等。测点应避开弯头、阀门等，确保流态稳定，无气泡和涡流。测点应避开大功率变频器和强磁场设备，以免产生干扰。在电磁流量计断电或损坏时，可用此法临时测量排水流量。

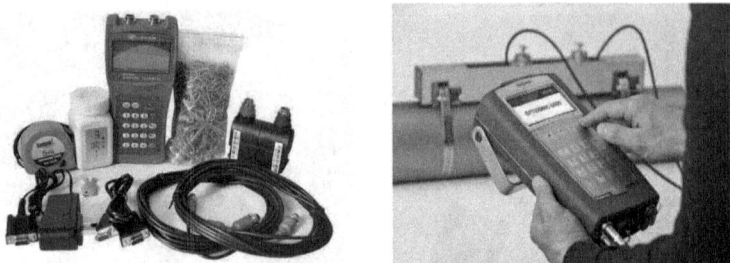

图 6-2　便携式超声波管道测流仪

（3）容积法

容积法是将废水纳入已知容量的容器中，测定其充满容器所需要的时间，从而计算水量的方法。该方法简单易行，适用于计量污水量较小的连续或间歇排放的污水。用此方法测量流量时，溢流口与受纳水体应有适当的落差或能用导水管形成落差。

用手工测量时，一般遵循以下原则：

①如果排放污水的"流量—时间"排放曲线波动较小（用瞬时流量代表平均流量所引起的误差小于 10%），则在某一时段内的任意时间测得的瞬时流量乘以该时间即为该时段的流量；

②如果排放污水的"流量—时间"排放曲线虽有明显波动，但其波动有一定的规律，可以用该时段中几个等时间间隔的瞬时流量计算出平均流量，然后再乘以时间得到流量；

③如果排放污水的"流量—时间"排放曲线既有明显波动又无规律可循，则必须连续测定流量，流量对时间的积分即为总量。

6.2　现场采样

采样前要根据采样任务确定监测点位、各监测点位的监测指标、各监测指标需要使用的采样容器、采样要求和保存运输要求等。

6.2.1　采样点位

《水泥工业指南》对每个监测点位的监测指标进行了明确规定。对于协同处置固体废物的水泥工业排污单位，涉及第一类污染物总汞、总镉、总铬、六价铬、总砷、总铅的，采样点位一律设在车间或车间处理设施的排放口或专门处理此类污染物设施的排口。

第二类污染物采样点位一律设在排污单位的外排口。水泥工业排污单位其他废水监测指标均在外排口开展监测。

进入集中式污水处理厂和进入城市污水管网的污水采样点位应根据地方环境保护行政管理部门的要求确定。

排污单位设置内部监测点位时，根据实际情况在便于采样的地方进行布点采样。

排污单位需要考核污水处理设施处理效率时，采样点位的布设如下：

（1）对整体污水处理设施效率监测时，在各种进入污水处理设施污水的入口和污水设施的总排口设置采样点。

（2）对各污水处理单元效率监测时，在各种进入处理设施单元污水的入口和设施单元的排口设置采样点。

6.2.2　采样方法

废水的监测项目根据行业类型有不同的要求，排污单位根据本行业自行监测技术指南要求设置。采集样品时应设在废水混合均匀处，避免引入其他干扰。

在分时间单元采集样品时，测定 pH、化学需氧量、五日生化需氧量、石油类和悬浮物，不能混合，只能单独采样。

根据监测项目选择不同的采样器，主要包括不锈钢采水器、有机玻璃水质采样器、油类采样器及用采样容器直接采样。有需求和有条件的排污单位可配备水质自动采样装置进行时间比例采样和流量比例采样。水泥工业排污单位通常可采用不锈钢采水器直接采样，当污水排放量较稳定时可采用时间比例采样，否则必须采用流量比例采样。所用自动采样器必须符合生态环境部颁布的污水采样器技术要求。不同的采样器见图 6-3。

不锈钢采水器　　　　　　　　　　有机玻璃水质采样器

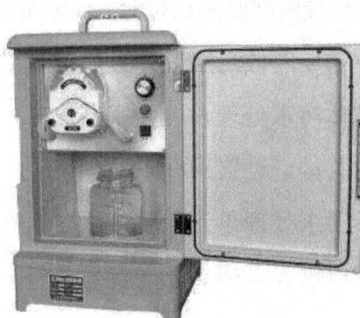

油类采样器　　　　　　　　　　水质自动采样装置

图 6-3　不同的采样器

样品采集时应针对具体的监测项目注意以下事项：

（1）采样时不可搅动水底的沉积物。

（2）确保采样准时，点位准确，操作安全。

（3）采样结束前，应核对采样计划、记录与水样，如有错误或遗漏，应立即补采或重采。

（4）如采样现场水体很不均匀，无法采集到有代表性的样品，则应详细记录不均匀的情况和实际采样情况，供使用该数据者参考。

（5）测定动植物油的水样，应使用油类采样器在水面至 300 mm 处采集柱状水样。

（6）测定五日生化需氧量时，水样必须注满容器，上部不留空间并用水封口。

（7）用样品容器直接采样时，必须用水样冲洗三次之后再进行采样，采油类的容器不能冲洗。

（8）采样时应注意除去水面的杂物、垃圾等漂浮物。

（9）用于测定悬浮物、五日生化需氧量、硫化物、动植物油的水样，必须单独定容采样，并全部用于测定。

（10）动植物油采样时，采样前先破坏可能存在的油膜，用直立式采水器把玻璃材质容器安装在采水器的支架中，将其放到 300 mm 深度，边采水边向上提升，在达到水面时剩余适当空间。

（11）采样时应认真填写"污水采样记录表"，表中应有以下内容：污染源名称、监测项目、采样点位、采样时间、样品编号、污水性质、污水流量、采样人姓名及其他有关事项。具体格式可由各排污单位制定，见表 6-1。

表 6-1　污水采样记录

企业名称	行业名称	监测项目	样品编号	采样时间	采样口	采样口位置（车间或出厂口）	样品类别	样品表观	采样口流量/（m³/s）	采样人

（12）对于 pH 和流量需现场监测的项目，应进行现场监测。

6.2.3　采样容器

目前市面上常见的采样容器按材质主要分为硬质玻璃瓶和聚乙烯瓶，在表 6-2 中分别用 G、P 表示，硬质玻璃瓶有透明和棕色两种。硬质玻璃瓶适用于化学需氧量、总有机碳、氨氮、总氮、总磷、硫化物、动植物油、硫化物等监测项目的样品采集。硫化物采集时，应用棕色玻璃瓶，以降低光敏作用。五日生化需氧量采集时应用专门的溶氧瓶。聚乙烯瓶则适用于总铜、总锌、总镍、总镉等金属元素的样品采集。氨氮、总磷、总氮、总镍、总镉等项目两种材质的瓶子均可使用。关于采样容器选择分析方法中已有要求的按照分析方法来处理，没有明确要求的可按表 6-2 执行。

表 6-2　样品保存和容器洗涤

项目	采样容器	保存剂及用量	保存期	采样量/mL	容器洗涤
色度*	G、P		12 h	250	I
pH*	G、P		12 h	250	I
悬浮物**	G、P		14 h	500	I
化学需氧量	G	加 H_2SO_4，pH≤2	2 d	500	I
五日生化需氧量**	溶解氧瓶		12 h	250	I
总有机碳	G	加 H_2SO_4，pH≤2	7 d	250	I
总磷	G、P	HCl，H_2SO_4，pH≤2	24 h	250	IV
氨氮	G、P	加 H_2SO_4，pH≤2	24 h	250	I
总氮	G、P	加 H_2SO_4，pH≤2	7 d	250	I
硫化物	G、P	1 L 水样加入 NaOH 至 pH 为 9，加入 5%抗坏血酸 5 mL，饱和 EDTA 3 mL，滴加饱和 $Zn(AC)_2$ 至胶体产生，常温避光	24 h	250	I
总氰化物	G、P	NaOH，pH≥9	12 h	250	I
六价铬	G、P	NaOH，pH=8～9	14 d	250	III
总镍	G、P	HNO_3，1 L 水样中加入浓 HNO_3 10 mL	14 d	250	III
总铜	P	HNO_3，1 L 水样中加入浓 HNO_3 10 mL	14 d	250	III

项目	采样容器	保存剂及用量	保存期	采样量/mL	容器洗涤
总锌	P	HNO$_3$，1 L 水样中加入浓 HNO$_3$ 10 mL	14 d	250	III
总砷	G、P	HNO$_3$，1 L 水样中加入浓 HNO$_3$ 10 mL，DDTC 法，HCl 2 mL	14 d	250	I
总镉	G、P	HNO$_3$，1 L 水样中加入浓 HNO$_3$ 10 mL	14 d	250	III
总汞	G、P	HCl，1%，如水样为中性，1 L 水样中加入浓 HCl 10 mL	14 d	250	III
总铅	G、P	HNO$_3$，1%，如水样为中性，1 L 水样中加入浓 HNO$_3$ 10 mL	14 d	250	III
动植物油	G	加入 HCl 至 pH≤2	7 d	250	II
挥发酚**	G、P	用 H$_3$PO$_4$ 调至 pH=2，用 0.01~0.02 g 抗坏血酸除去余氯	24 h	1 000	I

注：① *表示应尽量作现场测定，**表示低温（0~4℃）避光保存。

②G 为硬质玻璃瓶，P 为聚乙烯瓶。

③Ⅰ、Ⅱ、Ⅲ、Ⅳ表示四种洗涤方法，分别为

Ⅰ——洗涤剂洗一次，自来水洗三次；

Ⅱ——洗涤剂洗一次，自来水洗二次，1+3（硝酸和水的体积比为 1∶3）HNO$_3$ 荡洗一次，自来水洗三次；

Ⅲ——洗涤剂洗一次，自来水洗二次，1+3 HNO$_3$ 荡洗一次，自来水洗三次；

Ⅳ——铬酸洗液洗一次，自来水洗三次。

　　在采样之前，采样容器应经过相应的清洗和处理，采样之后要对其进行适当的封存。排污单位可根据监测项目自行选择采样容器并按照合适的方法进行清洗和处理。常用的采样容器见图 6-4。

图 6-4　采样容器（透明硬质玻璃瓶、棕色硬质玻璃瓶和聚乙烯瓶）

采样容器选择时一般遵守以下原则：

（1）最大限度地防止容器及瓶塞对样品的污染。由于一般的玻璃瓶在贮存水样时可溶出钠、钙、镁、硅、硼等元素，在测定这些项目时应避免使用玻璃容器，以防止新的污染。一些有色瓶塞也含有大量的重金属，因此采集金属项目时最好选用聚乙烯瓶。

（2）容器壁应易清洗和处理，以减少如重金属对容器表面的污染。

（3）容器或容器塞的化学和生物性质应该是惰性的，以防止容器与样品组分发生反应。

（4）防止容器吸收或吸附待测组分，引起待测组分浓度的变化。微量金属易受这些因素的影响。

（5）选用深色玻璃能降低光敏作用。

采样容器准备时，应遵循以下原则：

（1）所有的采样容器准备都应确保不发生正负干扰。

（2）尽可能使用专用容器。若不能使用专用容器，最好准备一套容器进行特定污染物的测定，以减少交叉污染。同时应注意防止以前采集高浓度分析物的容器因洗涤不彻底污染随后采集的低浓度污染物样品。

（3）对于新容器，一般应先用洗涤剂清洗，再用纯水彻底清洗。但是，用于清洁的清洁剂和溶剂可能引起干扰，所用的洗涤剂类型和选用的容器材质要随待测组分确定。例如，测总磷的容器不能使用含磷洗涤剂；测重金属的玻璃容器及聚乙烯容器通常用盐酸或硝酸（$C=1 \text{ mol/L}$）洗净并浸泡 1～2 天后用蒸馏水或去离子水冲洗。

采样容器清洗时，应注意：

（1）用清洁剂清洗塑料或玻璃容器：用水和清洗剂的混合稀释溶液清洗容器和容器帽；用实验室用水清洗两次；控干水并盖好容器帽。

（2）用溶剂洗涤玻璃容器：用水和清洗剂的混合稀释溶液清洗容器和容器帽；用自来水彻底清洗；用实验室用水清洗两次；用丙酮清洗并干燥；用与分析方法

匹配的溶剂清洗并立即盖好容器帽。

（3）用酸洗玻璃或塑料容器：用自来水和清洗剂的混合稀释溶液清洗容器和容器帽；用自来水彻底清洗；用 10%硝酸溶液清洗；控干后，注满 10%硝酸溶液；密封，贮存至少 24 小时；用实验室用水清洗，并立即盖好容器帽。

6.2.4　样品保存与运输

6.2.4.1　样品保存

水样采集后应尽快送到实验室进行分析，样品如果长时间放置，易受生物、化学、物理等因素影响，某些组分的浓度可能会发生变化。一般可通过冷藏、冷冻、添加保存剂等方式对样品进行保存。

（1）样品的冷藏、冷冻

在多数情况下，从采集样品到运输最后到实验室期间，样品在 1～5℃冷藏并暗处保存就足够了，−20℃的冷冻温度一般能延长贮存期。但冷冻需要掌握冷冻和融化技术，以使样品在融化时能迅速、均匀地恢复其原始状态，用干冰快速冷冻是令人满意的方法。一般选用聚氯乙烯或聚乙烯等塑料容器。

（2）添加保存剂

添加的保存剂一般包括酸、碱、抑制剂、氧化剂和还原剂，样品保存剂如酸、碱或其他试剂在采样前应进行空白试验，其纯度和等级必须达到分析的要求。

①加入酸和碱：控制溶液 pH，测定金属离子的水样常用硝酸酸化至 pH 为 1～2，这样既可以防止重金属的水解沉淀，又可以防止金属在器壁表面上的吸附，同时在 pH 为 1～2 的酸性介质中还能抑制生物的活动。用此法保存，多数金属可稳定数周或数月。测定氰化物的水样需加氢氧化钠调至 pH 为 12。测定六价铬的水样应加氢氧化钠调至 pH 为 8，因在酸性介质中，六价铬的氧化电位高，易被还原。

②加入抑制剂：为了抑制生物作用，可在样品中加入抑制剂。例如，在测定氨氮和化学需氧量的水样中，加氯化汞或加入三氯甲烷、甲苯作防护剂以抑制生

物对亚硝酸盐、硝酸盐、铵盐的氧化还原作用。在测定挥发酚的水样中，用磷酸调溶液的 pH，加入硫酸铜以控制苯酚分解菌的活动。

③加入氧化剂：水样中痕量汞易被还原，引起汞的挥发性损失，加入硝酸-重铬酸钾溶液可使汞维持在高氧化态，汞的稳定性大为改善。

④加入还原剂：测定硫化物的水样，加入抗坏血酸对保存有利。含余氯水样能氧化氢离子，可使酚类等物质氯化生成相应的衍生物，在采样时加入适当的硫代硫酸钠予以还原，可除去余氯干扰。

加入一些化学试剂可固定水样中的某些待测组分，保存剂可事先加入空瓶中，也可在采样后立即加入水样中。加入的保存剂不能干扰待测成分的测定，如果有疑义应先做必要的试验。

当加入保存剂的样品经过稀释，在分析计算结果时要充分考虑。但如果加入足够浓的保存剂，若加入体积很小，可以忽略其稀释影响。固体保存剂因为会引起局部过热，反而影响样品，所以应该避免使用。

所加入的保存剂有可能改变水中组分的化学或物理性质，因此选用保存剂时一定要考虑其对测定项目的影响。例如，待测项目是溶解态物质，酸化会引起胶体组分和固体的溶解，则必须在过滤后酸化保存。

必须做保存剂空白试验，特别是对微量元素的检测。要充分考虑加入保存剂所引起待测元素数量的变化。例如，酸类会增加砷、铅、汞的含量。因此，样品中加入保存剂后，应保留做空白试验。

针对技术指南中涉及不同的监测项目应选用的容器材质、保存剂及其用量、保存期、采样体积和容器洗涤的方法见表 6-2。

6.2.4.2 样品运输

水样采集后必须立即送回实验室。若采样地点与实验室距离较远，应根据采样点的地理位置和每个项目分析前最长可保存时间，选用适当的运输方式，在现场工作开始之前，就要安排好水样的运输工作，以防延误。

水样运输前应将容器的外（内）盖盖紧。装箱时应用泡沫塑料等分隔，以防破损。同一采样点的样品应装在同一包装箱内，如需分装在两个或几个箱子中，则需在每个箱内放入相同的现场采样记录表。运输前应检查现场记录上的所有水样是否全部装箱。要用醒目的色彩在包装箱顶部和侧面标上"切勿倒置"的标记。每个水样瓶均需贴上标签，内容有采样点位编号、采样日期和时间、测定项目。

装有水样的容器必须加以妥善保存和密封，并装在包装箱内固定，以防在运输途中破损。除防振、避免日光照射和低温运输外，还要防止新的污染物进入容器或沾污瓶口使水样变质。

在水样运送过程中，应有押运人员，每个水样都要附有一张样品交接单。在转交水样时，转交人和接收人都必须清点和检查水样并在样品交接单上签字，注明日期和时间。样品交接单是水样在运输过程中的文件，应防止差错并妥善保管以备查。

6.2.5　留样

有污染物排放异常等特殊情况，要留样分析时，应针对具体项目的分析用量同时采集留样样品，并填写"留样记录表"，表中应涵盖以下内容：污染源名称、监测项目、采样点位、采样时间、样品编号、污水性质、污水流量、采样人姓名、留样时间、留样人姓名、固定剂添加情况、保存时间、保存条件及其他有关事项。

6.3　监测指标测试

6.3.1　测试方法概述

水泥工业排污单位自行监测项目包括理化指标（如 pH、水温、悬浮物等）、无机阴离子（如氟化物等）、有机污染综合指标（如化学需氧量、五日生化需氧量等）、金属及其化合物（如总铬、六价铬、总铅、总镉等）等几大类。这些监测项目涉及的分析方法主要包括重量法、分光光度法、容量分析法、原子吸收分光光度法、电感耦合等离子体发射光谱法、电感耦合等离子体质谱法、离子色谱法、原子荧光法、气相色谱法和气相色谱-质谱法等。

（1）重量法

重量法是将被测组分从试样中分离出来，经过精确称量来确定待测组分含量的分析方法。它是分析方法中最直接的测定方法，可以直接称量得到分析结果，无须标准试样或基准物质进行比较，具有精确度高等特点。图 6-5 为重量法所用的分析天平。

（2）分光光度法

分光光度法测定样品的基本原理是利用朗伯-比尔定律，根据不同浓度样品溶液对光信号具有不同的吸光度，对待测组分进行定量测定。分光光度法是环境监测中常用的方法，具有灵敏度高、准确度高、适用范围广、操作简便和快速及价格低廉等特点。图 6-6 为分光光度法所用的分光光度计。

图 6-5　分析天平

图 6-6　分光光度计

（3）容量分析法

容量分析法是将一种已知准确浓度的标准溶液滴加到被测物质的溶液中，直到所加的标准溶液与被测物质按化学计量定量反应为止，然后根据标准溶液的浓度和用量计算被测物质的含量。按反应的性质，容量分析法可分为酸碱滴定法、氧化还原滴定法、络合滴定法和沉淀滴定法。容量分析法具有操作简便、快速、比较准确和仪器普通易得等特点。图 6-7 为滴定时所使用的套件。

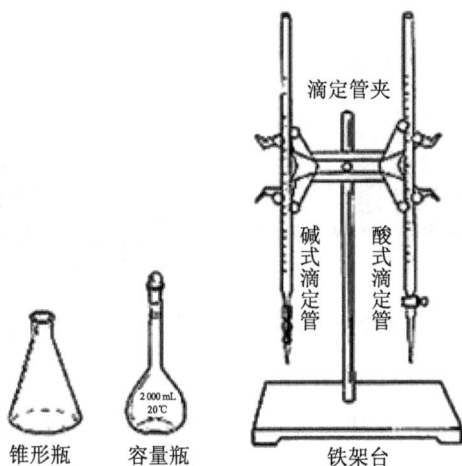

图 6-7　滴定套件

适合容量分析的化学反应应该具备的条件有以下四种：

①反应必须定量进行而且进行完全。

②反应速度要快。

③有比较简便可靠的方法确定理论终点（或滴定终点）。

④共存物质不干扰滴定反应，或采用掩蔽剂等方法能予以消除。

（4）原子吸收分光光度法

原子吸收分光光度法的测量对象是呈原子状态的金属元素和部分非金属元素，待测元素灯发出的特征谱线通过供试品经原子化产生的原子蒸气时，被蒸气中待测元素的基态原子所吸收，通过测定辐射光强度减弱的程度，求出供试品中待测元素的含量，并能够灵敏可靠地测定微量或痕量元素。原子吸收分光光度法由光源、原子化器（包括火焰原子化器、石墨炉原子化器、氢化物发生原子化器及冷蒸气发生原子化器四种）、单色器、背景校正系统、自动进样系统和检测系统等组成。根据原子化器的不同，其又可分为火焰原子吸收分光光度法、石墨炉原子吸收分光光度法、氢化物发生原子吸收分光光度法、冷原子吸收分光光度法。图 6-8 为原子吸收分光光度法所用的一种仪器设备。

图 6-8　原子吸收分光光度法所用的火焰原子吸收光谱仪

①火焰原子吸收分光光度法是最常用的技术，非常适合含有目标分析物的液体或溶解样品，非常适用于 mg/L 级的痕量元素检测。缺点是原子化效率低，灵敏度不够高，一般不能直接分析固体样品。

②石墨炉原子吸收分光光度法能够分析低体积的液体样品，适用于实验室处理日常工作中的复杂基质，可高效去除干扰，敏感度高于火焰原子吸收分光光度法分析数个数量级，可以检测低至μg/L 级的痕量元素。其缺点是试样组成不均匀性的影响较大，共存化合物的干扰比火焰原子分光光度法大，干扰背景比较严重，一般需要校正背景。

③冷原子吸收分光光度法由汞蒸气发生器和原子吸收池组成，专门用于汞的测定。

（5）电感耦合等离子体发射光谱法

电感耦合等离子体发射光谱法是指以电感耦合等离子体作为激发光源，根据处于激发态的待测元素原子回到基态时发射的特征谱线对待测元素进行分析的仪器。具有检出限低、准确度及精密度高、分析速度快等优点。图 6-9 为电感耦合等离子体光谱仪。

（6）电感耦合等离子体质谱法

电感耦合等离子体质谱法是以独特的接口技术将电感耦合等离子体的高温电离特性与质谱检测器的灵敏快速扫描的优点相结合而形成的一种高灵敏度的分析技术。水样经预处理后，采用电感耦合等离子体质谱进行检测，根据元素的质谱图或特征离子进行定性，内标法定量。其具有灵敏度高、速度快，可在几分钟内完成几十个元素的定量测定的优点，常用于测定地下水中微量、痕量和超痕量的金属元素，以及某些卤素元素、非金属元素。图 6-10 为电感耦合等离子体质谱仪。

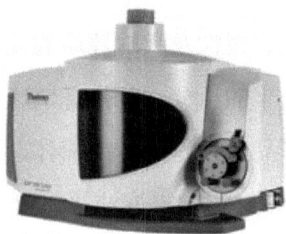

图 6-9　电感耦合等离子体光谱仪　　　图 6-10　电感耦合等离子体质谱仪

（7）离子色谱法

离子色谱法是以低交换容量的离子交换树脂为固定相对离子性物质进行分离，用电导检测器连续检测流出物电导变化的一种色谱方法。其主要用于环境样品的分析，包括地表水、饮用水、雨水、生活污水和工业废水、酸沉降物和大气颗粒物等样品中的阴离子、阳离子，与微电子工业有关的水和试剂中痕量杂质的分析。图 6-11 为离子色谱仪。

（8）原子荧光法

原子荧光法是根据测量待测元素的原子蒸气在一定波长的辐射能激发下发射的荧光强度进行定量分析的方法，是测定微量砷、锑、铋、汞、硒、碲、锗等元素最成功的分析方法之一。图 6-12 为原子荧光光谱仪。

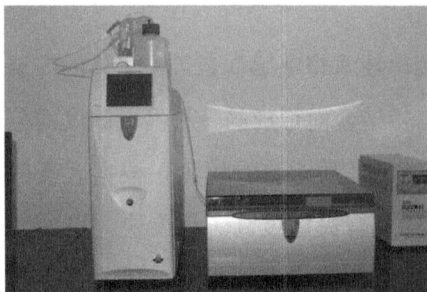

图 6-11　离子色谱仪

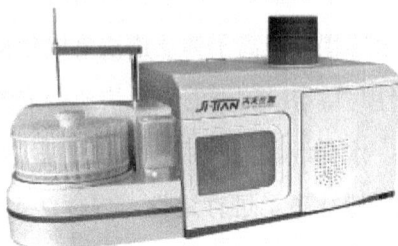

图 6-12　原子荧光光谱仪

（9）气相色谱法

气相色谱法的原理主要是利用物质的沸点、极性及吸附性质的差异实现混合物的分离，然后利用检测器依次检测已分离出来的组分。其具有快速、有效、灵敏度高等优点，能直接用于气相色谱分析的样品必须是气体或液体，常用的前处理方法有索氏提取法、超声提取法、振荡提取法、微波提取法等。图 6-13 为气相色谱仪。

（10）气相色谱-质谱法

气相色谱-质谱法中气相色谱对有机化合物具有有效的分离、分辨能力，质谱则是准确鉴定化合物的有效手段。由两者结合构成的色谱-质谱联用技术，是分离和检测复杂化合物最有力的工具之一，可实现复杂体系中有机物的定性及定量测定。气相色谱-质谱法分析虽然结果准确可靠，但相对于光谱分析等方法其预处理、分析步骤较为复杂。图 6-14 为气相色谱-质谱联用仪。

图 6-13　气相色谱仪

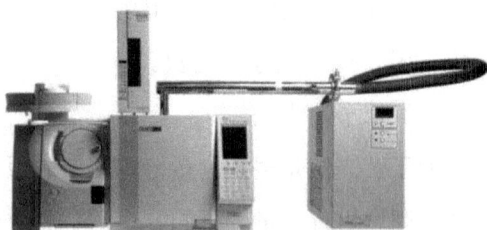

图 6-14　气相色谱-质谱联用仪

6.3.2　指标测定

通过对《水泥工业指南》废水监测项目的梳理，除现场测量的流量在前面已经介绍外，本节将对其余主要监测指标的常用监测分析方法和注意事项分别进行介绍，排污单位根据行业排放污染物的特征及单位实验室实际情况选择适合的监测方法开展自行监测。若有其他适用的方法，经过开展相关验证也可以使用。

6.3.2.1　pH

（1）常用方法

pH 是水中氢离子活度的负对数，$pH = -\log_{10} a_{H^+}$。pH 是环境监测中常用和重要的检验项目之一，可间接表示水的酸碱程度，测量常用的分析方法有《水质　pH 值的测定　电极法》（HJ 1147—2020）和便携式 pH 计法［《水和废水监测分析方法》（第四版）］。

（2）注意事项

①最好能够现场测定，否则样品采集后，应保持在 0~4℃，并在 6 小时内进行测定。当 pH＞12 或 pH＜2 时，不宜使用便携式 pH 计方法，以免损伤电极。

②便携式 pH 计由不同的复合电极构成，其浸泡方式会有所不同，有些电极要用蒸馏水浸泡，有些则严禁用蒸馏水浸泡，应当严格遵守操作手册，以免损伤电极。

③玻璃电极在使用前先放入蒸馏水中浸泡 24 小时以上。用完后冲洗干净，浸泡在纯水中。

④测定 pH 时，玻璃电极的球泡应全部浸入溶液中，并使其稍高于甘汞电极的陶瓷芯端，以免搅拌时碰坏。

⑤必须注意玻璃电极的内电极与球泡之间、甘汞电极的内电极和陶瓷芯之间不得有气泡，以防短路。

⑥测定 pH 时，为减少空气和水样中二氧化碳的溶入或挥发，在测水样之前，不应提前打开水样瓶。

⑦玻璃电极表面受到污染时，需进行处理。如果附着无机盐结垢，可用温稀盐酸溶解；对钙镁等难溶性结垢，可用 EDTA 二钠溶液溶解；沾有油污时，可用丙酮清洗。电极按上述方法处理后，应在蒸馏水中浸泡一昼夜再使用。注意忌用无水乙醇、脱水性洗涤剂处理电极。

6.3.2.2 悬浮物

（1）常用方法

水质中的悬浮物是指水样通过孔径为 0.45 μm 的滤膜，截留在滤膜上并于 103~105℃烘干至恒重的物质。悬浮物的测定常用方法为《水质 悬浮物的测定 重量法》（GB 11901—89）。

（2）注意事项

①所用聚乙烯瓶或硬质玻璃瓶要用洗涤剂清洗，再依次用自来水和蒸馏水冲洗干净。采样前用即将采集的水样清洗三次。采集 500~1 000 mL 样品，盖严瓶塞。

②采样时漂浮或浸没的不均匀固体物质不属于悬浮物，应从水样中除去。

③样品应尽快分析，如需放置，应贮存在 4℃冷藏箱中，但最长不得超过 7 天。采样时不能添加任何保存剂，以防破坏物质在固、液间的分配平衡。

④滤膜上截留过多的悬浮物可能夹带过多的水分，除延长干燥时间外，还可能造成过滤困难，遇此情况，可酌情少取试样。

⑤滤膜上的悬浮物过少，则会增大称量误差，影响测定精度，必要时可增大试样体积，一般以 5~100 mg 悬浮物量作为量取试样体积的适用范围。

6.3.2.3 氟化物

（1）常用方法

水质中的氟化物是指水中游离的氟离子，无机氟化物的水溶液含有 F^- 和氟化氢根离子 HF^{2-}。氟化物的测定常用方法有《水质 氟化物的测定 离子选择电极法》（GB 7484—87）。

（2）注意事项

①电极用后应用水充分冲洗干净，并用滤纸吸去水分，放在空气中，或者放在稀的氟化物标准溶液中。如果短时间不再使用，应洗净，吸去水分，套上保护电极敏感部位的保护帽。电极使用前仍应洗净，并吸去水分。

②如果试液中氟化物含量较低，则应从测定值中扣除空白试验值。

③不得用手触摸电极的敏感膜；如果电极膜表面被有机物等沾污，必须先清洗干净后才能使用。

④插入电极前不要搅拌溶液，以免在电极表面附着气泡，影响测定的准确度。

⑤搅拌速度应适中，稳定，不能形成涡流，测定过程中应连续搅拌。

6.3.2.4　化学需氧量

（1）常用方法

化学需氧量（COD_{Cr}）是指在强酸并加热条件下，用重铬酸钾作为氧化剂处理水样时所消耗氧化剂的量。常用分析方法有《水质　化学需氧量的测定　重铬酸盐法》（HJ 828—2017）、《水质　化学需氧量的测定　快速消解分光光度法》（HJ/T 399—2007）和《高氯废水　化学需氧量的测定　氯气校正法》（HJ/T 70—2001）。

（2）注意事项

①实验试剂硫酸汞剧毒，实验人员应避免与其直接接触。样品前处理过程应在通风橱中进行。该方法的主要干扰物为氯化物，可加入硫酸汞溶液去除。经回流后，氯离子可与硫酸汞结合成可溶性的氯汞配合物。硫酸汞溶液的用量可根据水样中氯离子的含量，按质量比 $m[HgSO_4]:m[Cl^-] \geq 20:1$ 加入，最大加入量为 2 mL（按照氯离子最大允许浓度 1 000 mg/L 计）。水样中氯离子的含量可采用《水质　氯化物的测定　硝酸银滴定法》（GB/T 11896—89）或《水质　化学需氧量的测定　重铬酸盐法》（HJ 828—2017）附录 A 进行测定或粗略判定。

②采集水样的体积不得少于 100 mL，采集的水样应置于玻璃瓶中，并尽快分析。若不能立即分析，应加入硫酸至 pH<2，置于 4℃以下保存，保存时间不能

超过 5 天。

③对于污染严重的水样，可选取所需体积 1/10 的水样放入硬质玻璃管，加入 1/10 的试剂，摇匀后加热沸腾数分钟，观察溶液是否变成蓝绿色。若呈蓝绿色，应再适当少取水样，直至溶液不变蓝绿色为止，从而确定待测水样的稀释倍数。

④消解时应使溶液缓慢沸腾，不宜爆沸。如出现爆沸，说明溶液中出现局部过热，会导致测定结果有误。爆沸的原因可能是加热过于激烈，或是防爆沸玻璃珠的效果不好。

6.3.2.5　五日生化需氧量

（1）常用方法

水体中所含的有机物成分复杂，难以一一测定其成分。人们常利用水中有机物在一定条件下所消耗的氧来间接表示水体中有机物的含量，生化需氧量即属于这类重要指标之一。常用分析方法是《水质　五日生化需氧量（BOD_5）的测定　稀释与接种法》（HJ 505—2009）。

（2）注意事项

①丙烯基硫脲属于有毒化合物，操作时应按规定要求佩戴防护器具，避免接触皮肤和衣物；标准溶液的配制应在通风橱内进行；检测后的残渣废液应做妥善的安全处理。

②采集的样品应充满并密封于棕色玻璃瓶中，样品量不小于 1 000 mL，在 0～4℃的暗处运输保存，并于 24 小时内尽快分析。若 24 小时内不能分析，可冷冻保存（冷冻保存时避免样品瓶破裂），冷冻样品分析前须解冻、均质化和接种。

③若样品中的有机物含量较多，BOD_5 的质量浓度大于 6 mg/L，样品需适当稀释后测定。

④对不含或含微生物少的工业废水，如酸性废水、碱性废水、高温废水、冷冻保存的废水或经过氯化处理等的废水，在测定 BOD_5 时应进行接种，以引进能分解废水中有机物的微生物。

⑤当废水中存在难以被一般生活污水中的微生物以正常速度降解的有机物或含有剧毒物质时，应将驯化后的微生物引入水样中进行接种。

⑥每一批样品做两个分析空白试样，稀释空白试样的测定结果不能超过 0.5 mg/L，非稀释接种法和稀释接种法空白试样的测定结果不能超过 1.5 mg/L，否则应检查可能的污染来源。

6.3.2.6　氨氮

（1）常用方法

氨氮（NH$_3$-N）以游离氮（NH$_3$）或铵盐（NH$_4^+$）形式存在于水中。常用测定方法有《水质　氨氮的测定　蒸馏-中和滴定法》（HJ 537—2009）、《水质　氨氮的测定　气相分子吸收光谱法》（HJ/T 195—2005）、《水质　氨氮的测定　纳氏试剂分光光度法》（HJ 535—2009）、《水质　氨氮的测定　水杨酸分光光度法》（HJ 536—2009）、《水质　氨氮的测定　连续流动-水杨酸分光光度法》（HJ 665—2013）和《水质　氨氮的测定　流动注射-水杨酸分光光度法》（HJ 666—2013）。

（2）注意事项

①水样采集在聚乙烯瓶或玻璃瓶内，要尽快分析。如需保存，应加硫酸使水样酸化至 pH<2，2～5℃下可保存 7 天。

②水样中含有悬浮物、余氯、钙镁等金属离子、硫化物和有机物时会产生干扰，含有此类物质时要做适当处理，以消除对测定结果的影响。

③如果水样的颜色过深、含盐量过多，酒石酸钾盐对水样中的金属离子掩蔽能力不够，或水样中存在高浓度的钙、镁和氯化物时，需预蒸馏。

④试剂和环境温度会影响分析结果，冰箱贮存的试剂需放置到室温后再分析，分析过程中室温波动不超过±5℃。

⑤当同批分析的样品浓度波动较大时，可在样品与样品之间插入空白当试样分析，以减小高浓度样品对低浓度样品的影响。

⑥标定盐酸标准滴定溶液时，至少平行滴定 3 次，平行滴定的最大允许偏差

不大于 0.05 mL。

⑦分析过程中发现检测峰峰形异常，一般情况下平峰为超量程，双峰为基体干扰，不出峰为泵管堵塞或试剂失效。

⑧每天分析完毕后，用纯水对分析管路进行清洗，并及时将流动检测池中的滤光片取下放入干燥器中，防尘防湿。

6.3.2.7 总磷

（1）常用方法

总磷的常用测定方法有《水质　总磷的测定　钼酸铵分光光度法》（GB 11893—89）、《水质　磷酸盐和总磷的测定　连续流动-钼酸铵分光光度法》（HJ 670—2013）和《水质　总磷的测定　流动注射-钼酸铵分光光度法》（HJ 671—2013）。

（2）注意事项

①用硝酸-高氯酸消解需要在通风橱中进行。高氯酸和有机物的混合物经加热易发生危险，需将试样先用硝酸消解，再加入高氯酸消解。

②在采样前，用水冲洗所有接触样品的器皿，样品采集于清洗过的聚乙烯瓶或玻璃瓶中。用于测定磷酸盐的水样，取样后于 0~4℃暗处保存，可稳定 24 小时。用于测定总磷的水样，采集后应立即加入硫酸至 pH≤2，常温可保存 24 小时；于-20℃冷冻，可保存 1 个月。

③对于磷酸含量较少的样品（磷酸盐或总磷浓度≤0.1 mg/L），不可用聚乙烯瓶保存，冷冻保存状态除外。

④绝不可把消解的试样蒸干。

⑤如消解后有残渣，用滤纸过滤于具塞比色管中。

⑥水样中的有机物用过硫酸钾氧化不能完全破坏时，可用此法消解。

⑦当同批分析的样品浓度波动大时，可在样品与样品之间插入空白当试样分析，以减小高浓度样品对低浓度样品的影响。

⑧每次分析完毕后，用纯水对分析管路进行清洗，并及时将流动检测池中的

滤光片取下放入干燥器中，防尘防湿。

6.3.2.8　石油类和动植物油类

（1）常用方法

水质中动植物油类是指在 pH≤2 的条件下，能够被四氯乙烯萃取且被硅酸镁吸收的物质。常用的测定方法为《水质　石油类和动植物油类的测定　红外分光光度法》（HJ 637—2018）。

（2）注意事项

①用采样瓶采集约 500 mL 水样后，加入盐酸溶液酸化至 pH≤2。

②如样品不能在 24 小时内测定，应在 0～4℃冷藏保存，3 天内测定。

③试验中使用的四氯乙烯须符合品质相关要求，避光保存。

④同一批样品测定所使用的四氯乙烯应来自同一瓶，如样品数量多，可将多瓶四氯乙烯混合均匀后使用。

⑤所有使用完的器皿置于通风橱内挥发完后清洗。

⑥四氯乙烯废液应集中存放于密闭容器中，并做好相应标识，委托有资质的单位处理。

6.3.2.9　总汞

（1）常用方法

水中的总汞是指未经过滤的样品经消解后测得的汞，包括无机的、有机结合的、可溶的和悬浮的全部汞。常用的测定方法有《水质　总汞的测定　冷原子吸收分光光度法》（HJ 597—2011）、《水质　汞、砷、硒、铋和锑的测定　原子荧光法》（HJ 694—2014）和《水质　总汞的测定　高锰酸钾-过硫酸钾消解法双硫腙分光光度法》（GB 7469—87）。

（2）注意事项

①样品采集后应当按照每升水样加入 5 mL 盐酸的比例添加保存剂。

②测定可滤态汞时，采样后尽快通过 0.45 μm 滤膜过滤，然后按要求添加保存剂。

③试验所用试剂（尤其是高锰酸钾）中的汞含量对空白试验测定值影响较大。因此，试验中应选择汞含量尽可能低的试剂。

④在样品还原前，所有试剂和试样的温度应保持一致（<25℃）。环境温度低于 10℃时，灵敏度会明显降低。

⑤汞的测定易受到环境中的汞污染，在汞的测定过程中应加强对环境中汞的控制，保持清洁、加强通风。

⑥水蒸气对汞的测定有影响，会导致测定时响应值降低，应注意保持连接管路和汞吸收池干燥。可通过红外灯加热的方式去除汞吸收池中的水蒸气。

⑦反应装置的连接管宜采用硼硅玻璃、高密度聚乙烯、聚四氟乙烯、聚砜等材质，不宜采用硅胶管。

⑧实验中产生的废液和废物不可随意倾倒，应置于密闭容器中保存，委托有资质的单位进行处理。

6.3.2.10　总铬

（1）常用方法

地表水和工业废水中总铬的测定常用方法有《水质　铬的测定　火焰原子吸收分光光度法》（HJ 757—2015）、《水质　总铬的测定》（GB/T 7466—87）。

（2）注意事项

①所有玻璃器皿、聚乙烯容器等内壁应保持光洁，防止铬离子被吸附，不得用重铬酸钾洗液洗涤，须先用洗涤剂洗净，再用硝酸溶液浸泡 24 小时以上，使用前再依次用自来水和实验用水洗净。

②实验室样品采集时，加入硝酸调节样品 pH 小于 2。采集后尽快测定，如需放置，不宜超过 24 小时。

6.3.2.11　六价铬

（1）常用方法

地表水和工业废水中六价铬的测定常用方法为《水质　六价铬的测定　二苯碳酰二肼分光光度法》（GB/T 7467—87）。

（2）注意事项

①所有玻璃仪器不能使用重铬酸钾洗液洗涤，可用硝酸、硫酸混合液或洗涤剂洗涤。玻璃器皿内壁应保持光洁，防止铬被吸附。

②实验室样品应当使用玻璃瓶采集，采集后应加入氢氧化钠，调节样品 pH 约为 8，尽快测定，如需放置，不宜超过 24 小时。

③样品经锌盐沉淀分离法前处理后，仍含有机物干扰测定时，可用酸性高锰酸钾氧化法破坏有机物后再进行测定。

6.3.2.12　总砷

（1）常用方法

水质中的总砷是指未经过滤的样品经消解后测得的砷，包括单体形态、无机和有机结合化合物中砷的总量。常用的测定方法有《水质　汞、砷、硒、铋和锑的测定　原子荧光法》（HJ 694—2014）、《水质　65 种元素的测定　电感耦合等离子体质谱法》（HJ 700—2014）、《水质　总砷的测定　二乙基二硫代氨基甲酸银分光光度法》（GB 7485—87）和《水质　32 种元素的测定　电感耦合等离子体发射光谱法》（HJ 776—2015）。

（2）注意事项

①样品采集后应当按照每升水样加入 2 mL 盐酸的比例添加保存剂。

②测定可滤态砷时，采样后尽快通过 0.45 μm 滤膜过滤，然后按要求添加保存剂。

③因砷化氢为剧毒气体，故砷化氢发生系统应严防漏气。加入锌粒后要立即

接好导气管，以免砷化氢中毒且影响测定结果。应在通风良好的条件下操作。

④三氧化二砷为剧毒药品，建议购买砷标准中间液，避免中毒。

⑤盐酸、硝酸均具有强烈的化学腐蚀性和刺激性，操作时应按规定要求佩戴防护器具，并在通风橱中进行，避免酸雾吸入呼吸道或接触皮肤、衣物。

⑥测定试样（或空白试样）：每个试样测定前，先用硝酸和水的体积比为2∶98（2+98）的稀硝酸溶液冲洗系统直到信号降至最低，待分析信号稳定后方可开始测定。

6.3.2.13　总镉

（1）常用方法

水质中的总镉是指未经过滤的水样，经消解后测得的镉。常用的测定方法有《水质　铜、锌、铅、镉的测定　原子吸收分光光度法》（GB 7475—87）、《水质　镉的测定　双硫腙分光光度法》（GB 7471—87）、《水质　65 种元素的测定　电感耦合等离子体质谱法》（HJ 700—2014）和《水质　32 种元素的测定　电感耦合等离子体发射光谱法》（HJ 776—2015）。

（2）注意事项

①用聚乙烯塑料瓶采集样品。采样瓶先用洗涤剂洗净，再在盐酸溶液中浸泡，使用前用自来水和去离子水冲洗干净。

②采样后，每1 000 mL 水样立即加入 2.0 mL 硝酸酸化至 pH 约为 1.5。

③实验所用玻璃器皿使用前应用盐酸浸泡，再用自来水和去离子水冲洗干净。

④实验中所用氢氧化钠-氰化钾溶液剧毒，称量和配置时要特别小心，取时要佩戴胶皮手套，避免沾污皮肤。

6.3.2.14　总铅

（1）常用方法

水质中的总铅是指未经过滤的水样，经消解后测得的铅。常用的测定方法有

《水质　铜、锌、铅、镉的测定　原子吸收分光光度法》（GB 7475—87）、《水质　铅的测定　双硫腙分光光度法》（GB 7470—87）、《水质　65 种元素的测定　电感耦合等离子体质谱法》（HJ 700—2014）和《水质　32 种元素的测定　电感耦合等离子体发射光谱法》（HJ 776—2015）。

（2）注意事项

①用聚乙烯塑料瓶采集样品。采样瓶先用洗涤剂洗净，再在硝酸溶液中浸泡，使用前用水冲洗干净。

②采样后，每 1 000 mL 水样立即加入 2.0 mL 硝酸酸化至 pH 约为 1.5，加入 5 mL 碘溶液以免挥发性有机铅化合物在水样处理和消化过程中损失。

③所用玻璃仪器，在使用前应用硝酸清洗，并用自来水和无铅蒸馏水冲洗干净。

6.3.2.15　水温

（1）常用方法

水温是指水的温度，是水的一个重要物理特性。水温常用的测试方法为《水质　水温的测定　温度计或颠倒温度计测定法》（GB/T 13195—91）。

（2）注意事项

①水温应在采样现场进行测定。

②当气温与水温相差较大时，尤应注意立即读数，避免受气温的影响，必要时，重复插入水中，再一次读数。

③当现场气温高于 35℃或低于–30℃时，水温计在水中的停留时间要适当延长，以达到温度平衡。

④在冬季的东北地区读数应在 3 s 内完成，否则水温计表面形成一层薄冰，影响读数的准确性。

第7章 废气手工监测技术要点

与废水手工监测类似，废气手工监测也是一项全面性、系统性的工作。我国同样有一系列监测技术规范和方法标准用于指导和规范废气手工监测。本章立足现有的技术规范和标准，结合日常工作经验，分别针对有组织废气、无组织废气归纳总结了常见的方法和操作要求，以及方法使用过程中的重点注意事项。对于一些虽然适用，但不够便捷，目前实际应用很少的方法，本书中未列举，若排污单位根据实际情况，确实需要采用这类方法的，应严格按照方法的适用条件和要求开展相关监测活动。

7.1 有组织废气监测

7.1.1 监测方式

有组织废气监测主要是针对排污单位通过排气筒排放的污染物浓度、排放速率、排气参数等开展的监测，主要的监测方式有现场测试和现场采样+实验室分析两种。

（1）现场测试

现场测试是指采用便携式仪器在污染源现场直接采集气态样品，通过预处理后进行即时分析，现场得到污染物的相关排放信息。目前，采用现场测试的主要指标包括二氧化硫、氮氧化物、排气参数（温度、氧含量、含湿量、流速）等，测试方法主要包括定电位电解法、非分散红外法、便携式紫外吸收法、便携式傅里叶变换红外光谱法、热电偶法、干湿球法、阻容法、皮托管法等。

（2）现场采样+实验室分析

现场采样+实验室分析是指采用特定仪器采集一定量的污染源废气并妥善保存带回实验室进行分析。目前我国多数污染物指标仍采用这种监测方式，主要的采样方式包括直接采样法（气袋、注射器、真空瓶等）和富集（浓缩）采样法（活性炭吸附、滤筒、滤膜捕集、吸收液吸收等），主要的分析方法包括重量法、色谱法、质谱法、分光光度法等。

7.1.2　现场采样

7.1.2.1　现场采样方式

（1）现场直接采样法

现场直接采样法包括注射器采样法、气袋采样法、采样管采样法和真空瓶采样法。现场采样时，应按照《固定污染源排气中颗粒物测定与气态污染物采样方法》（GB/T 16157—1996）的规定配备相应的采样系统采样。

1）注射器采样法

常用 100 mL 注射器（图 7-1）采集样品。采样时，先用现场气体抽洗 2~3 次，然后抽取 100 mL，密封进气口，带回实验室分析。样品存放时间不宜过长，一般当天分析完毕。

气相色谱分析法常采用此法取样。取样后，应将注射器进气口朝下，垂直放置，以使注射器内压略大于外压，避光保存。

2）气袋采样法

应选不吸附、不渗漏，也不与样气中污染组分发生化学反应的气袋，如聚四氟乙烯袋、聚乙烯袋、聚氯乙烯袋和聚酯袋等，还有用金属薄膜做衬里（如衬银、衬铝）的气袋。

采样时，先用待测废气冲洗 2～3 次，再充满样气，夹封进气口，带回实验室尽快分析。采样气袋见图 7-2。

图 7-1　注射器

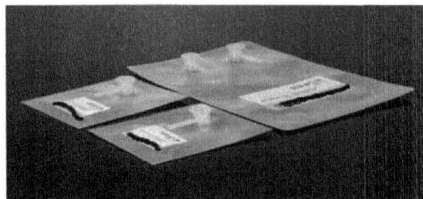

图 7-2　采样气袋

3）采样管采样法

采样时，打开两端旋塞，用抽气泵接在采样管的一端，迅速抽进比采样管容积大 6～10 倍的待测气体，使采样管中原有气体被完全置换出，关上旋塞，采样管体积即为采气体积。采样管见图 7-3。

4）真空瓶采样

真空瓶是一种具有活塞的耐压玻璃瓶。采样前，先用抽真空装置把真空瓶内气体抽走，抽气减压到绝对压力为 1.33 kPa。采样时，打开旋塞采样，采完关闭旋塞，则采样体积即为真空瓶体积。真空瓶见图 7-4。

图 7-3　采样管

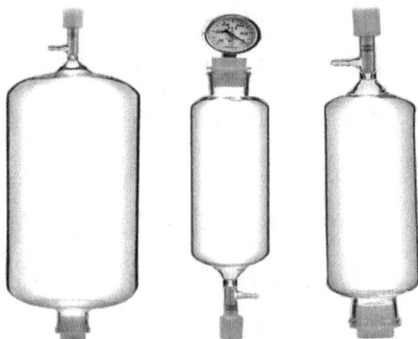

图 7-4　真空瓶

（2）富集（浓缩）采样法

富集（浓缩）采样法主要包括溶液吸收法、填充柱阻留法和滤料阻留法等。

1）溶液吸收法

原理：采样时，用抽气装置将待测废气以一定流量抽入装有吸收液的吸收瓶，并采集一段时间。采样结束后，送实验室进行测定。

常用吸收液：酸碱溶液、有机溶剂等。

吸收液选用应遵循的原则：

①反应快，溶解度大；

②稳定时间长；

③吸收后利于分析；

④毒性小，价格低，易回收。

2）填充柱阻留法

原理：填充柱是用一根长 6~10 cm、内径 3~5 mm 的玻璃管或塑料管，内装颗粒状填充剂制成的。采样时，让气样以一定流速通过填充柱，待测组分因吸附、溶解或化学反应等作用被阻留在填充剂上，达到浓缩采样的目的。采样后，通过解吸或溶剂洗脱，使被测组分从填充剂上释放出来进行测定。

填充剂主要类型：

①吸附型：活性炭、硅胶、分子筛、高分子多孔微球等；

②分配型：涂高沸点有机溶剂的惰性多孔颗粒物；

③反应型：惰性多孔颗粒物、纤维状物表面能与被测组分发生化学反应。

3）滤料阻留法

原理：该方法是将过滤材料［滤筒（图 7-5）、滤膜等］放在采样装置内，用抽气装置抽气，废气中的待测物质被阻留在过滤材料上，根据相应分析方法测定出待测物质的含量。

常用过滤材料：玻璃纤维滤筒、石英滤筒、刚玉滤筒、玻璃纤维滤膜、过氯乙烯滤膜、聚苯乙烯滤膜、微孔滤膜、核孔滤膜等。

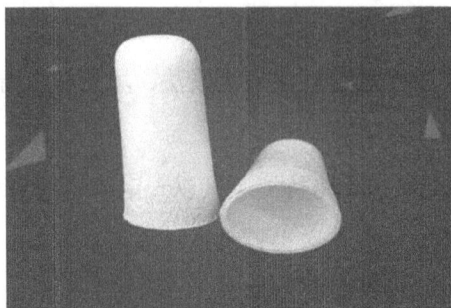

图 7-5　滤筒

7.1.2.2　现场采样技术要点

有组织废气排放监测时，采样点位布设、采样频次、采样时间、监测分析方法以及质量保证要求等均应符合《固定污染源排气中颗粒物测定与气态污染物采样方法》（GB/T 16157—1996）、《固定源废气监测技术规范》（HJ/T 397—2007）和《环境二噁英类监测技术规范》（HJ 916—2017）的规定。

（1）采样位置和采样点

①采样位置应避开对测试人员操作有危险的场所。

②采样位置应优先选择在垂直管段，避开烟道弯头和断面急剧变化的部位。采样位置应设置在距弯头、阀门、变径管下游方向不小于 6 倍直径，以及距上述部件上游方向不小于 3 倍直径处。采样断面的气流速度最好在 5 m/s 以上。采样孔内径应不小于 80 mm，宜选用 90～120 mm 内径的采样孔。

③测试现场空间位置有限，很难满足上述要求时，可选择比较适宜的管段采样，但采样断面与弯头等的距离至少是烟道直径的 1.5 倍，并应适当增加测点的数量和采样频次。

④对于气态污染物，由于混合比较均匀，其采样位置可不受上述规定限制，但应避开涡流区。

⑤采样平台应有足够的工作面积使工作人员安全、方便地操作。监测平台长

度应≥2 m，宽度≥2 m 或不小于采样枪长度外延 1 m，周围设置 1.2 m 以上的安全护栏，有牢固并符合要求的安全措施；当采样平台设置在离地面高度≥2 m 的位置时，应有通往平台的斜梯（或 Z 字梯、旋梯），宽度应≥0.9 m；当采样平台设置在离地面高度≥20 m 的位置时，应有通往平台的升降梯。

⑥颗粒物和废气流量测量时，根据采样位置尺寸进行多点分布采样测量；一般情况下排气参数（温度、含湿量、氧含量）和气态污染物在管道中心位置测定。

（2）排气参数的测定

①温度的测定：常用方法为热电偶法或电阻温度计法。一般情况下可在靠近烟道中心的一点测定，封闭测孔，待温度计读数稳定后读取数据。

②含湿量的测定：常用方法为干湿球法。在靠近烟道中心的一点测定，封闭测孔，使气体在一定的速度下流经干球、湿球温度计，根据干球、湿球温度计的读数和测点处排气的压力，计算出排气的水分含量。

③氧含量的测定：常用方法为电化学法或氧化锆氧分仪法。在靠近烟道中心的一点测定，封闭测孔，待氧含量读数稳定后读取数据。

④流速、流量的测定：常用方法为皮托管法。根据测得的某点处的动压、静压及温度、断面截面积等参数计算出排气流速和流量。

（3）采样频次和采样时间

采样频次和采样时间确定的主要依据：相关标准和规范的规定和要求；实施监测的目的和要求；被测污染源污染物排放特点、排放方式及排放规律，生产设施和治理设施的运行状况；被测污染源污染物排放浓度的高低和所采用的监测分析方法的检出限。

具体要求如下：

①相关标准中对采样频次和采样时间有规定的，按照相关标准的规定执行。

②相关标准中没有明确规定的，排气筒中废气的采样以连续 1 小时的采样获取平均值，或在 1 小时内，以等时间间隔采集 3~4 个样品，并计算平均值。

③特殊情况下，若某排气筒的排放为间断性排放，排放时间小于 1 小时，应

在排放时段内实行连续采样，或在排放时段内等时间间隔采集 2~4 个样品，并计算平均值；若某排气筒的排放为间断性排放，排放时间大于 1 小时，则应在排放时段内按②的要求采样。

（4）监测分析方法选择

选择监测分析方法时，应遵循以下原则：

①监测分析方法的选用应充分考虑相关排放标准的规定、被测污染源排放特点、污染物排放浓度的高低、所采用监测分析方法的检出限和干扰等因素。

②相关排放标准中有监测分析方法的规定时，应采用标准中规定的方法。

③对相关排放标准未规定监测分析方法的污染物项目，应选用国家环境保护标准、环境保护行业标准规定的方法。

④在某些项目的监测中，尚无方法标准的，可采用国际标准化组织（ISO）或其他国家的等效方法标准，但应经过验证合格，其检出限、准确度和精密度应能达到质控要求。

（5）质量保证要求

①属于国家强制检定目录内的工作计量器具，必须按期送计量部门检定，检定合格，取得检定证书后方可用于监测工作。

②排气温度、氧含量、含湿量、流速测定、烟气污染物、颗粒物等监测指标的测定仪器应根据要求定期校准，对一些仪器使用的电化学传感器应根据使用情况及时更换。

③采样系统采样前应进行气密性检查，防止系统漏气。检查采样嘴、皮托管等是否变形或损坏。

④滤筒、滤料等外观无裂纹、空隙或破损，无挂毛或碎屑，能耐受一定的高温和机械强度。采样管、连接管、滤筒、滤料等不被腐蚀、不与待测组分发生化学反应。

⑤样品采集后注意样品的保存要求，应尽快送实验室分析。

7.1.3 指标测定

各监测指标除遵循 7.1.1 监测方式和 7.1.2 现场采样的相关要求外，还应遵循各自的具体要求。

7.1.3.1 二氧化硫

（1）常用方法

二氧化硫（SO_2）是有组织废气排放的主要常规污染物之一，目前主要的监测方法有定电位电解法、非分散红外吸收法、便携式紫外吸收法、便携式傅里叶变换红外光谱法 4 种现场测试方法，监测标准方法见表 7-1。

表 7-1 常用二氧化硫监测标准方法

序号	标准方法	原理及特点
1	《固定污染源废气 二氧化硫的测定 定电位电解法》（HJ 57—2017）	①废气被抽入主要由电解槽、电解液和电极组成的传感器中，二氧化硫通过渗透膜扩散到电极表面，发生氧化反应，产生的极限电流大小与二氧化硫浓度成正比。 ②需要配备除湿性能好的预处理器，以消除水分对监测结果的影响。 ③测定时，易受一氧化碳干扰
2	《固定污染源废气 二氧化硫的测定 非分散红外吸收法》（HJ 629—2011）	①二氧化硫气体在 6.82～9 μm 红外光谱波长具有选择性吸收。一束恒定波长为 7.3 μm 的红外光通过二氧化硫气体时，其光通量的衰减与二氧化硫的浓度符合朗伯-比尔定律定量。 ②需要配备除湿性能好的预处理器，以消除水分对监测结果的影响
3	《固定污染源废气 二氧化硫的测定 便携式紫外吸收法》（HJ 1131—2020）	①二氧化硫对紫外光区内 190～230 nm 或 280～320 nm 特征波长光具有选择性吸收，并满足朗伯-比尔定律。 ②可通过加热采样管和导气管、冷却装置快速除湿或测定热湿废气样品等方法，消除水分对监测结果的影响
4	《固定污染源废气 气态污染物（SO_2、NO、NO_2、CO、CO_2）的测定 便携式傅里叶变换红外光谱法》（HJ 1240—2021）	①把红外光源发出的光经迈克尔逊干涉仪转变为干涉光，再用干涉光照射气体样品，得到红外干涉图，经傅里叶变换处理后得到红外吸收光谱图，其中目标化合物的特征吸收峰强度与其浓度遵循朗伯-比尔定律。 ②需要选择恰当的光谱分析区间，或用基于最小二乘或偏最小二乘法算法的内置分析程序，消除气态水对监测结果的影响

（2）注意事项

①水分对二氧化硫测定影响较大。废气中的高含水量和水蒸气不仅会对测定结果造成干扰，还会对仪器检测器/检测室造成损坏和污染，因此监测时，特别是在废气含湿量较高的情况下，应使用除湿性能较好的预处理设备，及时排空除湿装置的冷凝水，或采用测定热湿样品的方式，防止影响测定结果。

②对于定电位电解法而言，一氧化碳对二氧化硫监测会存在一定程度的干扰。监测仪器应具有一氧化碳测试功能，当一氧化碳浓度高于 50 μmol/mol 时，应根据《固定污染源废气　二氧化硫的测定　定电位电解法》（HJ 57—2017）中的附录 A 进行一氧化碳干扰试验，确定仪器的适用范围，根据一氧化碳、二氧化硫浓度是否超出了干扰试验允许的范围，从而对二氧化硫数据是否有效进行判定。

③监测结果一般应在校准量程的 20%～100%，特别是应注意不能超过校准量程，因此监测活动正式开展前，应根据历史监测资料，预判二氧化硫可能的浓度范围，从而选择合适的标准气体进行校准，确定校准量程。如测定结果小于测定下限，则不受本条限制。

④监测活动开展全过程中，仪器不得关机。

⑤定电位电解法仪器测定二氧化硫的传感器更换后，应重新开展干扰试验。对于未开展一氧化碳干扰试验的定电位电解法仪器，有组织废气监测过程中，一氧化碳浓度高于 50 μmol/mol 时同步测得的二氧化硫数据，应作为无效数据予以剔除。

⑥应选择抗负压能力大于烟道负压的仪器或将负压烟道气引出到平衡装置内等手段消除烟道负压影响，并注意避开涡流区，保证采样流量不低于仪器规定的流量下限。测定过程中做好随时监控。

7.1.3.2　氮氧化物

（1）常用方法

有组织废气中的氮氧化物（NO_x）包括以一氧化氮（NO）和二氧化氮（NO_2）

两种形式存在的氮氧化物，因此对有组织废气中氮氧化物的监测实际上是通过对一氧化氮和二氧化氮的监测实现的，但最终监测结果以 NO_2 计。目前主要的监测方法有定电位电解法、非分散红外吸收法、便携式紫外吸收法、便携式傅里叶变换红外光谱法 4 种现场测试方法，监测标准方法见表 7-2。

表 7-2　常用氮氧化物监测标准方法

序号	标准方法	原理及特点
1	《固定污染源废气　氮氧化物的测定　定电位电解法》（HJ 693—2014）	①废气被抽入主要由电解槽、电解液和电极组成的传感器中，一氧化氮或二氧化氮通过渗透膜扩散到电极表面，发生氧化还原反应，产生的极限电流大小与一氧化氮或二氧化氮浓度成正比。 ②两个不同的传感器分别测定一氧化氮（结果以 NO_2 计）和二氧化氮，两者测定之和为氮氧化物（以 NO_2 计）
2	《固定污染源废气　氮氧化物的测定　非分散红外吸收法》（HJ 692—2014）	①利用 NO 对红外光谱区，特别是 5.3 μm 波长光的选择性吸收，由朗伯-比尔定律定量 NO 和废气中 NO_2 通过转换器还原为 NO 后的浓度。 ②一般先将废气通入转换器，将废气中的二氧化氮还原为一氧化氮，再将废气通入非分散红外吸收法仪器进行监测，此时，由二氧化氮转化而来的一氧化氮，将和废气中原有的一氧化氮一起经过分析测试，测得结果为总的氮氧化物（以 NO_2 计）
3	《固定污染源废气　氮氧化物的测定　便携式紫外吸收法》（HJ 1132—2020）	①一氧化氮对紫外光区内 200～235 nm，二氧化氮对 220～250 nm 或 350～500 nm 特征波长光具有选择性吸收，并满足朗伯-比尔定律。 ②可通过加热采样管和导气管、冷却装置快速除湿或测定热湿废气样品等方法，消除水分对监测结果的影响。 ③可同时对一氧化氮、二氧化氮进行监测
4	《固定污染源废气　气态污染物（SO_2、NO、NO_2、CO、CO_2）的测定　便携式傅里叶变换红外光谱法》（HJ 1240—2021）	①把红外光源发出的光经迈克尔逊干涉仪转变为干涉光，再用干涉光照射气体样品，得到红外干涉图，经傅里叶变换处理后得到红外吸收光谱图，其中目标化合物的特征吸收峰强度与其浓度遵循朗伯-比尔定律。 ②需要选择恰当的光谱分析区间，或用基于最小二乘法或偏最小二乘算法的内置分析程序，消除气态水对监测结果的影响。 ③应通过高效过滤除尘等方法消除或减少废气中颗粒物对仪器的污染

（2）注意事项

①测定结果一般应在校准量程的 20%～100%，特别是应注意不能超过校准量程，因此监测活动正式开展前，应根据历史监测资料，预判氮氧化物可能的浓度范围，从而选择合适的标准气体进行校准，确定校准量程。如测定结果小于测定下限，则不受本条限制。

②监测活动开展的全过程中，仪器不得关机。

③非分散红外吸收法测定氮氧化物时，应注意至少每半年做一次 NO_2 的转化效率的测定，转化效率不能低于 85%，否则应更换还原剂；监测活动中，进入转换器 NO_2 浓度不应大于 200 μmol/mol。

④紫外吸收法测定氮氧化物时，若二氧化氮浓度测定结果稳定小于方法测定下限（8 mg/m³），可不使用二氧化氮标准气体校准仪器。

⑤应选择抗负压能力大于烟道负压的仪器或将负压烟道气引出到平衡装置内等手段消除烟道负压影响，并注意避开涡流区，保证采样流量不低于仪器规定的流量下限。测定过程中做好随时监控。

7.1.3.3　颗粒物

（1）常用方法

颗粒物的监测一般使用重量法，采用现场采样+实验室分析的监测方式，利用等速采样原理，抽取一定量的含颗粒物的废气，根据所捕集到的颗粒物质量和同时抽取的废气体积，计算出废气中颗粒物的浓度。

目前颗粒物监测方法标准主要有《固定污染源排气中颗粒物测定与气态污染物采样方法》(GB/T 16157—1996)和《固定污染源废气　低浓度颗粒物的测定　重量法》（HJ 836—2017）。根据原环境保护部的相关规定，在测定有组织废气中颗粒物浓度时，应遵循表 7-3 中的规定选择合适的监测标准方法。

表 7-3　常用颗粒物监测标准方法的适用范围

序号	废气中颗粒物浓度范围	适用的标准方法
1	≤20 mg/m³	《固定污染源废气　低浓度颗粒物的测定　重量法》（HJ 836—2017）
2	>20 mg/m³ 且≤50 mg/m³	《固定污染源废气　低浓度颗粒物的测定　重量法》（HJ 836—2017）、《固定污染源排气中颗粒物测定与气态污染物采样方法》（GB/T 16157—1996），均适用
3	>50 mg/m³	《固定污染源排气中颗粒物测定与气态污染物采样方法》（GB/T 16157—1996）

依据《固定污染源排气中颗粒物测定与气态污染物采样方法》（GB/T 16157—1996）进行颗粒物监测时，仅将滤筒作为样品，进行采样前后的分析称量；依据《固定污染源废气　低浓度颗粒物的测定　重量法》（HJ 836—2017）进行低浓度颗粒物监测时，需要将装有滤膜的采样头作为样品，进行采样前后的整体称量。

（2）注意事项

①样品采集时，采样嘴应对准气流方向，与气流方向的偏差不得大于 10°；不同于气态污染物，颗粒物在排气筒监测断面（横截面）上的分布是不均匀的，须多点等速采样，各点等时长采样，每个点采样时间不少于 3 min。

②应选择气流平稳的工况下进行采样。采样前后，排气筒内气流流速变化不应大于 10%，否则应重新测量。

③每次开展低浓度颗粒物监测时，每批次应采集全程序空白样品。实际监测样品的增重若低于全程序空白样品的增重，则认定该实际监测样品无效，低浓度颗粒物样品采样体积为 1 m³ 时，方法检出限为 1.0 mg/m³；废气中颗粒物浓度低于方法检出限时，全程序空白样品采样前后重量之差的绝对值不得超过 0.5 mg。

④采样前后由同一人员使用同一天平进行称量，样品称重环境条件应保持一致。低浓度颗粒物样品称重使用的恒温恒湿设备的温度控制在 15～30℃任意一点，控温精度为±1℃；相对湿度应保持在（50±5）% RH 范围内。

7.1.3.4　总烃、甲烷和非甲烷总烃

（1）常用方法

对废气中总烃、甲烷和非甲烷总烃排放进行监测时，主要依据《固定污染源废气　总烃、甲烷和非甲烷总烃的测定　气相色谱法》（HJ 38—2017）。采用气袋或玻璃注射器进行现场采集样品，之后送实验室将气体样品直接注入具氢火焰离子化检测器的气相色谱仪，分别在总烃柱和甲烷柱上测定总烃和甲烷的含量，两者之差即为非甲烷总烃的含量。同时以除烃空气代替样品，测定氧在总烃柱上的响应值，以排除样品中的氧对总烃测定结果的干扰。

（2）注意事项

①用气袋采样时，连接采样装置，开启加热采样管电源，将采样管加热并保持在（120±5）℃（有防爆安全要求的除外），气袋须用样品气清洗至少 3 次，结束采样后样品应立即放入样品保存箱内保存，直至样品分析时取出。用玻璃注射器采样时，除遵循上述规定外，采集样品的玻璃注射器用惰性密封头密封。

②样品采集时应采集全程序空白，将注入除烃空气的采样容器带至采样现场，与同批次采集的样品一起送回实验室分析。

③采集样品的玻璃注射器应小心轻放，防止破损，保持针头端向下状态放入样品保存箱内保存和运送。样品常温避光保存，采样后尽快完成分析。玻璃注射器保存的样品，放置时间不超过 8 小时；气袋保存的样品，放置时间不超过 48 小时，如仅测定甲烷，应在 7 天内完成。

④分析高沸点组分样品后，可通过提高柱温等方式去除分析系统残留的影响，并通过分析除烃空气予以确认。

7.1.3.5　汞

（1）常用方法

废气中汞排放监测时，主要依据《固定污染源废气　汞的测定　冷原子吸收

分光光度法（暂行）》（HJ 543—2009）。采用气泡吸收管+烟气采样器进行现场吸收液采集样品，之后送实验室采用冷原子吸收分光光度法分析测定。

（2）注意事项

①由于橡皮管对汞有吸附作用，采样管与吸收管之间应采用聚乙烯管连接，接口处用聚四氟乙烯生料带密封。

②当汞浓度较高时，可采用大型冲击式吸收采样瓶。全部玻璃器皿在使用前要用 10%硝酸溶液浸泡过夜或用（1+1）硝酸溶液浸泡 40 min，以除去器壁上吸附的汞。

③测定样品前必须做试剂空白试验，空白值不超过 0.005 μg 汞。

④采样结束后，封闭吸收管进出气口，置于样品箱内运输，并注意避光，样品采集后应尽快分析。若不能及时测定，应置于冰箱内 0～4℃保存，5 天内测定。

7.1.3.6　重金属（除汞以外）

（1）监测方法标准

废气中重金属进行监测时，主要依据的方法标准见表 7-4。有的重金属物质有不同的方法，排污单位可以根据实际情况选择合适的方法开展监测。监测时主要的采样方式为富集采样法，采用滤筒+颗粒物采样器进行现场滤筒捕集采样或者使用气泡吸收管+小流量采样器进行现场吸收液采集样品，妥善保存后带回实验室分析。重金属监测主要的分析方法包括光谱法、质谱法和分光光度法。

表 7-4　重金属监测方法对照表

监测项目	监测方法标准
银、铝、砷、钡、铍、铋、钙、镉、钴、铬、铜、铁、钾、镁、锰、钠、镍、铅、锶、钛、锑、锡、钒、锌	《空气和废气　颗粒物中金属元素的测定　电感耦合等离子体发射光谱法》（HJ 777—2015）
银、铝、砷、钡、铍、镉、钴、铬、铜、锰、镍、铅、锶、锑、锡、钒、锌、铊、钍、硒、钼、锂、铀、铋	《空气和废气　颗粒物中铅等金属元素的测定　电感耦合等离子体质谱法》（HJ 657—2013）

监测项目	监测方法标准
镍	《大气固定污染源 镍的测定 火焰原子吸收分光光度法》（HJ/T 63.1—2001）
	《大气固定污染源 镍的测定 石墨炉原子吸收分光光度法》（HJ/T 63.2—2001）
	《大气固定污染源 镍的测定 丁二酮肟-正丁醇萃取分光光度法》（HJ/T 63.3—2001）
镉	《大气固定污染源 镉的测定 火焰原子吸收分光光度法》（HJ/T 64.1—2001）
	《大气固定污染源 镉的测定 石墨炉原子吸收分光光度法》（HJ/T 64.2—2001）
	《大气固定污染源 镉的测定 对-偶氮苯重氮氨基偶氮苯磺酸分光光度法》（HJ/T 64.3—2001）
铅	《固定污染源废气 铅的测定 火焰原子吸收分光光度法》（HJ 538—2009）
	《固定污染源废气 铅的测定 火焰原子吸收分光光度法》（HJ 685—2014）
	《环境空气 铅的测定 石墨炉原子吸收分光光度法》（HJ 539—2015）
锡	《大气固定污染源 锡的测定 石墨炉原子吸收分光光度法》（HJ/T 65—2001）
砷	《固定污染源废气 砷的测定 二乙基二硫代氨基甲酸银分光光度法》（HJ 540—2016）

（2）监测方式

现场采样+实验室分析。主要的采样方式为富集采样法，采用滤筒+颗粒物采样器进行现场滤筒捕集采样或者使用气泡吸收管+小流量采样器进行现场吸收液采集样品，妥善保存后带回实验室进行分析，主要的分析方法包括光谱法、质谱法和分光光度法。

（3）监测技术要求

1）采样准备

采集颗粒物中的重金属时，应使用颗粒物采样器采样，使用玻璃纤维滤筒或石英滤筒，要求其对粒径大于 0.3 μm 颗粒物的阻留效率不低于 99.9%。空白滤筒中目标金属元素含量应小于等于排放标准限值的 1/10，不符合要求则不能使用。采样前要彻底清洗采样管的采样嘴和弯管，并吹干。将玻璃纤维滤筒或石英滤筒装入采样管头部的滤筒夹内，根据所选择的等速采样方法，再连接好采样系统，连接管要尽可能短，并检查系统的气密性和可靠性。

2）样品采集

①污染源废气采样过程、采样点数目、采样点位位置及操作步骤按照 GB/T 16157—1996 中颗粒物采样的要求执行。

②使用颗粒物采样器采集滤筒样品至少 0.600 m³（标准状态干烟气）。当重金属质量浓度较低时可适当增加采样体积。如管道内烟气温度高于需采集的相关金属元素熔点，应采取降温措施，使进入滤筒前的烟气温度低于相关金属元素的熔点。使用滤筒采样时，每次采样至少取同批号滤筒两个，带到采样现场作为现场空白样品。

③采集废气样品中的铅时，当温度低于 400℃时在管道内等速采样。当温度高于 400℃时，铅呈气态存在，应将废气导出管道外，使温度降至 400℃以下，以 20 L/min 流量恒流采样 10～30 min。

3）样品保存

对于所采集的颗粒物中的重金属样品，在采样结束后，滤筒样品应将封口向内折叠，编号后，竖直放回原采样盒中，放入干燥器中保存。样品在干燥、通风、避光、室温环境下保存。同时按照采样要求，做好记录。

4）注意事项

铊、砷、铅、镍等金属元素有毒性，试验过程中应做好安全防护工作。

7.1.3.7　氨

（1）常用方法

废气中氨排放监测时，主要依据《环境空气和废气　氨的测定　纳氏试剂分光光度法》（HJ 533—2009）。采用气泡吸收管+小流量采样器进行现场吸收液采集样品，之后送实验室采用纳氏试剂分光光度法进行分析测定。

（2）注意事项

①当烟道气的温度明显高于环境温度时，应对采样管线加热，防止烟气在采样管线中结露。

②开启采样泵前，确认采样系统连接正确，采样泵的进气口端通过干燥管（或缓冲管）与采样管的出气口相连，如果接反会导致酸性吸收液倒吸，污染和损坏仪器。万一出现倒吸的情况，应及时将流量计拆下来，用酒精清洗、干燥，并重新安装，经流量校准合格后方可继续使用。

③为避免采样管中的吸收液被污染，运输和贮存过程中勿将采样管倾斜或倒置，并及时更换采样管的密封接头。

④采样时，应带采样全程空白吸收管。采样后应尽快分析，以防止吸收空气中的氨。

⑤样品中含有三价铁等金属离子、硫化物和有机物时，应注意消除干扰。

7.1.3.8 硫化氢

（1）常用方法

废气中硫化氢排放监测时，主要依据《空气质量 硫化氢、甲硫醇、甲硫醚和二甲二硫的测定 气相色谱法》（GB/T 14678—93）。利用真空瓶（管）或气袋用抽气泵采集样品后，送回实验室利用气相色谱法进行分析。

（2）注意事项

①采样时拔出真空瓶一侧的硅橡胶塞，使瓶内充入样品气体至常压，随即以硅橡胶塞塞住入气孔，将瓶避光运回实验室，样品需在 24 小时内分析。

②硫化氢属于有毒物质，对试剂、标准样品的使用和保管要绝对注意安全。硫化氢原试剂的存放温度要低于–20℃。

③采样瓶使用前要认真检查有无破损迹象，以免炸裂，要保证真空处理后和

采样后采样瓶携带过程中的安全，防止密封塞不严或脱落。

④加工的浓缩管连入系统后必须无漏气现象，后部硅橡胶塞与管必须紧密结合，防止因管内压力上升导致塞脱出。

7.1.3.9　二噁英类

（1）常用方法

废气中二噁英类排放监测时，主要依据《环境空气和废气　二噁英类的测定　同位素稀释高分辨气相色谱-高分辨质谱法》（HJ 77.2—2008）和《环境二噁英类监测技术规范》（HJ 916—2017）。采用滤筒（或滤膜）进行现场样品采集，之后送实验室采用同位素稀释高分辨气相色谱-高分辨质谱法分析测定。

（2）注意事项

①采样管材料应为硼硅酸盐玻璃、石英玻璃或钛合金属合金，采样管内表面应光滑流畅，采样管应带有加热装置，加热温度应在 105～125℃。滤筒或滤膜应用硼硅酸盐玻璃或石英玻璃制成，尺寸与滤筒或滤膜相适应，方便滤筒或滤膜的取放，接口处应密封良好。冷凝装置用于分离、储存废气中冷凝下来的水，容积应不小于 1 L。

②根据样品采样量和等速采样流量，确定总采样时间及各点采样时间。由于废气采样的特殊性，采样需在一段较长的时间内进行以避免短时间的不稳定工况对采样结果造成影响，一般总采样时间应不少于 2 小时。样品采样量还应同时满足方法检出限的要求。采样前加入采样内标。要求采样内标物质的回收率为 70%～130%，超过此范围要重新采样。

③将采样管插入烟道第一采样点处，封闭采样孔，使采样嘴对准气流方向（其与气流方向偏差不得大于 10°），启动采样泵，迅速调节采样流量到第一采样点所需的等速流量值，采样流量与计算的等速流量之间的相对误差应在±10%的范围内。第一点采样后，立即将采样管移至第二采样点，迅速调整采样流量到第二采样点所需的等速流量值，继续进行采样。依次类推，顺序在各点采样。

④采样期间当压力、温度有较大变化时，需随时将有关参数输入仪器，重新计算等速采样流量。若滤筒阻力增大到无法保持等速采样，则应更换滤筒后继续采样。采样过程中，气相吸附柱应注意避光，并保持在30℃以下。

⑤采样过程按照标准规定准备采样材料带至现场，但不进行实际采样操作，采样结束后带回实验室完成分析步骤，所得结果为运输空白。运输空白实验的频度约为采样总数的10%。运输空白值较高时，如果样品实测值远大于运输空白值（如规定两者相差2个数量级以上），则可以从样品实测值中扣除运输空白值。而如果运输空白值接近甚至大于样品实测值，应查找污染原因，消除污染后重新采样分析。

⑥拆卸采样装置时应尽量避免阳光直接照射。取出滤筒保存在专用容器中，用水冲洗采样管和连接管，冲洗液与冷凝水一并保存在棕色试剂瓶中。气相吸附柱两端密封后避光保存。样品应冷藏贮存，尽快送至实验室分析。

7.1.3.10　臭气浓度

（1）常用方法

废气中臭气浓度监测时，主要依据《恶臭污染环境监测技术规范》（HJ 905—2017）和《环境空气和废气　臭气的测定　三点比较式臭袋法》（HJ 1262—2022）。利用真空瓶或气袋用抽气泵采集恶臭气体样品后，送回实验室利用三点比较式臭袋法进行分析。

（2）注意事项

1）真空瓶采样

①真空瓶的准备：采样前应采用空气吹洗，再抽真空使用，使用后的真空瓶应及时用空气吹洗。当使用后的真空瓶污染较严重时，应采用蒸沸或重铬酸钾洗液清洗的方法处理。当有组织排放源样品浓度过高，需对样品进行预稀释时，在采样前应对真空瓶进行定容，可采用注水计量法对真空瓶定容，定容后的真空瓶应经除湿处理后再抽气采样。对新购置的真空瓶或新配置的胶塞，应进行漏气检

查。用带有真空表的胶塞塞紧真空瓶的大口端，抽气减压到绝对压力 1.33 kPa 以下，放置 1 小时后，如果瓶内绝对压力不超过 2.66 kPa，则视为不漏气。

②系统漏气检查：采样前将除湿定容后的真空瓶抽真空至 $1.0×10^5$ Pa，放置 2 小时后，观察并记录真空瓶压力变化不能超过规定负压的 20%。连接采样系统，打开抽气泵抽气，使真空压力表负压上升至 13 kPa，关闭抽气泵一侧阀门，压力在 1 分钟之内下降不超过 0.15 kPa，则视为系统不漏气。

③样品采集：采样前，打开气泵以 1 L/min 流量抽气约 5 分钟，置换采样系统中的空气。接通采样管路，打开真空瓶旋塞，使气体进入真空瓶，然后关闭旋塞，将真空瓶取下。必要时记录采样的工况、环境温度及大气压力及真空瓶采样前瓶内压力。

④采样频次：连续有组织排放源按生产周期确定采样频次，样品采集次数不小于 3 次，取其最大测定值。生产周期在 8 小时以内的，采样间隔不小于 2 小时；生产周期大于 8 小时的，采样间隔不小于 4 小时。间歇有组织排放源应在恶臭污染浓度最高时段采样，样品采集次数不小于 3 次，取其最大测定值。

⑤样品保存：真空瓶存放的样品应有相应的包装箱，防止光照和碰撞，所有样品均应在 17～25℃ 条件下保存，样品应在采样后 24 小时内测定。

⑥采集样品时，应注意：采样位置应选择在排气压力为正压或常压点位处；真空瓶应尽量靠近排放管道处，并应采用惰性管材（如聚四氟乙烯管等）作为采样管；如采集排放源强酸或强碱性气体时，应使用洗涤瓶。取 100 mL 洗涤瓶，内装 5 mol/L 的氢氧化钠溶液或 3 mol/L 的硫酸溶液洗涤气体。

⑦环境空气和无组织废气排放监控点空气采样所用真空瓶与固定污染源废气采样所用真空瓶不得混用。

2）气袋采样

①连接好采样系统，在抽气泵前加装一个真空压力表，按照真空瓶采样系统进行系统漏气检查。

②打开采样气体导管与采样袋之间的阀门，启动抽气泵，抽取气袋采样箱成

负压，气体进入采样袋，采样袋充满气体后，关闭采样袋阀门。采样前按上述操作，用被测气体冲洗采样袋 3 次。

③采样结束，从气袋采样箱取出充满样气的采样袋，送回实验室分析。气袋样品应避光保存，所有样品均应在 17～25℃条件下保存，样品应在采样后 24 小时内测定。

④采集排气温度较高样品时，应注意气袋的适用温度。必要时记录采样的工况、环境温度及大气压力。

⑤采样袋不得重复使用。

7.1.3.11　氟化氢

（1）常用方法

废气中氟化氢排放监测时，主要依据《固定污染源废气　氟化氢的测定　离子色谱法》（HJ 688—2019）。测定废气中气态氟化物时也可用此监测方法标准。采用加热的采样管经加热过滤器滤除颗粒物后，用冷却的碱性吸收液连续吸收气态样品，之后送实验室用离子色谱仪进行分析测定。

（2）注意事项

①采样管、过滤装置的温度控制在 185℃±5℃范围内。采样管内衬管材质为 PTFE、硼硅酸盐玻璃、石英玻璃或钛合金，内表面光滑流畅。抽气泵应保证足够的抽气量，当采样系统负载阻力为 20 kPa 时，抽气流量应不低于 2.0 L/min。

②若采用恒流采样，在采样装置的主路和旁路上分别串联 2 支各装 30 mL 吸收液的小型多孔玻板吸收瓶。用连接管将采样管和吸收瓶及吸收瓶和干燥器连接，以 2.0 L/min 流量，每个样品采样时间为 20～60 min。采样后将连接管和吸收瓶一起拆下，用连接管密封吸收瓶。

③若采用等速采样，在采样装置上串联 3 支大型冲击吸收瓶，采样管和吸收瓶之间及吸收瓶之间用连接管连接。前两支吸收瓶各装有 75 mL 吸收液，第 3 支为空瓶，并与干燥器连接，以 90%～110%等速率采集废气样品，每个样品采样时

间原则上不低于 20 分钟。采样后将连接管和吸收瓶一起拆下，用连接管密封吸收瓶。不分析过滤器收集的颗粒物。

④准备 2 支密封的各装有与实际采样所需等量吸收液的吸收瓶，带至采样地点，不与采样器连接。采样结束后，其作为全程序空白样品带回实验室与实际样品一起分析测定。每批样品至少做一个全程序空白，空白值不得超过方法检出限。

⑤样品保存：将吸收瓶垂直放置于清洁的容器内运输。实验室内室温保存，时间不超过 7 天。

⑥样品溶液浓度与淋洗液浓度相近，减小测定误差；根据废气中氟化氢浓度的高低相应调整采样体积和（或）试样稀释体积；试样中含有粒径超过 0.45 μm 的颗粒物时，试样溶液进入离子色谱仪前预先过滤处理，消除对离子色谱柱的影响；气泡对离子色谱柱分离效果有影响，进样时不能带入气泡。

7.1.3.12　氯化氢、氯化物（以 HCl 计）

（1）常用方法

废气中氯化氢、氯化物（以 HCl 计）排放监测时，主要依据《固定污染源排气中氯化氢的测定　硫氰酸汞分光光度法》（HJ/T 27—1999）、《固定污染源废气　氯化氢的测定　硝酸银容量法》（HJ 548—2016）和《环境空气和废气　氯化氢的测定　离子色谱法》（HJ 549—2016）。采用多孔玻板吸收瓶（或冲击式吸收瓶）+小流量采样器进行现场吸收液采集样品，之后送实验室按照相应分析方法分析测定。

（2）注意事项

1）按照《固定污染源排气中氯化氢的测定　硫氰酸汞分光光度法》（HJ/T 27—1999）方法监测

①采样管用硬质玻璃或氟树脂材质，并具有适当尺寸的管料，应附有可加热至 120℃以上的保温夹套。样品吸收装置采用 50 mL 多孔玻板吸收瓶。

②串联 2 支各装 25 mL 氢氧化钠吸收液的多孔玻板吸收瓶，以 0.5 L/min 流量采样 5～30 min。在采样过程中，根据排气温度和湿度调节采样管保温夹套温度，

以避免水汽于吸收瓶之前凝结。

③如果样品采集后不能当天测定，应将试样密封后置于冰箱 3～5℃保存，保存期不超过 48 小时。

④若排气中含有氯化物颗粒性物质，应在吸收瓶之前接装滤膜夹，否则可不装滤膜夹。采样管、吸收瓶之间连接时不可用乳胶管连接，应用聚乙烯管或聚四氟乙烯管内接外套法连接。用过的吸收瓶、具塞比色管、连接管等，将溶液倒出后，直接用去离子水洗涤，不能用自来水洗涤，操作过程中注意防尘，避免用手指触摸连接管口，防治氯化物沾污。采样分析时，样品溶液、标准溶液和空白对照必须用同一批试剂同时操作。

2）按照《固定污染源废气　氯化氢的测定　硝酸银容量法》（HJ 548—2016）方法监测

①75 mL 多孔玻板吸收瓶或大型气泡吸收瓶，吸收瓶应严密不漏气，多孔玻板吸收瓶发泡要均匀，当流量为 0.5 L/min 时，其阻力应在（5±0.7）kPa。

②采样时，串联 2 支内装 50 mL 氢氧化钠吸收液的吸收瓶，按照气态污染物采集方法，以 0.5～1.0 L/min 的流量连续采样 1 小时，或在 1 小时内以等时间间隔采集 3～4 个样品。在采样过程中，应保持采样保温夹套温度为 120℃，以避免水汽在采样管路中凝结。采样完毕后，用连接管密封吸收瓶，待测。

③当废气中湿度较大，氯化氢吸湿并主要以颗粒态存在时，其采样点位布设及采样应按照 GB/T 16157—1996 中颗粒物采集的相关规定执行。在烟尘采样器后连接加热装置（内含分流阀及内含乙酸纤维微孔滤膜的滤膜夹），之后通过分流阀再按照气态采样方法进行采集，采样过程中，烟气采样器和加热装置温度保持在 120℃。

④采集的样品及全程序空白，应当天尽快测定，若不能及时测定，应于 4℃以下冷藏、密封保存，48 小时内完成分析测定。

⑤排气中含有颗粒态氯化物，应在采样枪与吸收瓶之间接装有乙酸纤维微孔滤膜的滤膜夹；采样枪与吸收瓶之间的连接管应尽可能短并检查系统的气密性和可靠性；采样器应在使用前进行气密性检查和流量校准；每批样品至少带 2 个实

验室空白和 2 个全程序空白，空白测定值应小于方法检出限。

3）按照《环境空气和废气 氯化氢的测定 离子色谱法》（HJ 549—2016）方法监测

①25 mL 或 75 mL 的冲击式吸收瓶。用水预先清洗冲击式吸收瓶至洗液电导率小于 1.0 μS/cm，置于清洁的环境中晾干备用。采样前，装入吸收液并用连接管密封保存运输。

②串联 2 支各装 50 mL 吸收液的 75 mL 冲击式吸收瓶，按照气态污染物采集方法，以 0.5～1.0 L/min 的流量连续采样 1 小时，或在 1 小时内以等时间间隔采集 3～4 个样品，采样前后流量偏差应≤5%。在采样过程中，应保持采样管保温夹套温度为 120℃，以避免水汽于吸收瓶之前凝结，若排气中含有颗粒态氯化物，应在吸收瓶之前接装放入滤膜的滤膜夹。

③当废气中氯化氢质量浓度高于 100 mg/m³ 时，吸收液质量浓度可适当增加，测定时应稀释至与淋洗液质量浓度相当。

④当废气中含有氯气时，串联 4 支吸收瓶，前 2 支为各装 50 mL 硫酸吸收液的 75 mL 冲击式吸收瓶，后 2 支为各装 50 mL 碱性吸收液的 75 mL 冲击式吸收瓶，前后两组吸收瓶分别吸收氯化氢气体和氯气，以避免氯气干扰。

⑤当废气中湿度较大，氯化氢吸湿并主要以颗粒态存在时，其采样点位布设及采样应按照 GB/T 16157—1996 中颗粒物采集的相关规定执行。在烟尘采样器后连接加热装置（内含分流阀及内含乙酸纤维微孔滤膜的滤膜夹），之后通过分流阀再按照气态采样方法进行采集，采样过程中，烟气采样器和加热装置温度保持在 120℃。

⑥样品采集后用连接管密封吸收瓶，于 4℃下冷藏保存，48 小时内完成分析测定。如不能及时分析，则应将样品转移至聚乙烯瓶中，于 4℃以下冷藏可保存 7 天。

⑦吸收瓶、连接管及各器皿均应用实验用水反复洗涤并防止被污染，操作中应防止自来水、空气微尘及手上氯化物干扰；采样器、滤膜夹、吸收瓶之间连接管应尽可能短，并检查系统的气密性和可靠性；每次分析样品结束后，用淋洗液清洗仪器管路，实验结束后用实验室用水清洗仪器泵及抑制器，以免受到淋洗液

腐蚀；如出现仪器分析精度下降，应检查柱效及抑制器工作状态，必要时进行更换。

7.2　无组织废气监测

7.2.1　监测方式

无组织废气监测是指排污单位对没有经过排气筒无规则排放的废气，或者废气虽经排气筒排放但排气筒高度没有达到有组织排放要求的低矮排气筒排放的废气污染物浓度进行监测。

无组织废气排放监测的主要方式为现场采样+实验室分析，与有组织废气的方式相同，是指采用特定仪器采集一定量的无组织废气并妥善保存带回实验室进行分析。主要的采样方式包括现场直接采样法（注射器、气袋、采样管、真空瓶等）和富集（浓缩）采样法（活性炭吸附、滤筒、滤膜捕集、吸收液吸收等），主要分析方法包括重量法、色谱法、质谱法、分光光度法等。

7.2.2　现场采样

7.2.2.1　现场采样技术要点

无组织废气排放监测的主要参考标准为《大气污染物无组织排放监测技术导则》（HJ/T 55—2000）、《大气污染物综合排放标准》（GB 16297—1996）和排污单位具体执行的行业排放标准。

（1）控制无组织排放的基本方式

按照《大气污染物综合排放标准》（GB 16297—1996）的规定，我国以控制无组织排放所造成的后果对无组织排放实行监督和限制。采用的基本方式是规定设立监控点（监测点）和规定监控点的污染物浓度限值。在设置监测点时，有的污染物要求除在下风向设置监控点外，还要在上风向设置对照点，监控浓度限值为监控点与参照点的浓度差值。有的污染物要求只在周界外浓度最高点设置监控点。

（2）设置监控点的位置和数目

根据《大气污染物综合排放标准》（GB 16297—1996）的规定，监控点设在单位周界外 10 m 范围内的浓度最高点，按规定监控点最多可设 4 个，参照点只设 1 个。部分行业排放标准，如《水泥工业大气污染物排放标准》（GB 4915—2013）要求，大气污染物（颗粒物）无组织排放限监测时，执行《大气污染物无组织排放监测技术导则》（HJ/T 55—2000）的规定，应在上风向设置参照点，在下风向设置监控点，污染物浓度为监控点与参照点 1 小时浓度值的差值。

（3）采样频次的要求

按照《大气污染物无组织排放监测技术导则》（HJ/T 55—2000），对无组织排放进行监测时，实行连续 1 小时的采样，或者实行在 1 小时内以等时间间隔采集 4 个样品计平均值。在进行实际监测时，为了捕捉到监控点最高浓度的时段，实际安排的采样时间可超过 1 小时。

（4）工况的要求

由于大气污染物排放标准对无组织排放实行限制的原则是在最大负荷下生产和排放，以及在最不利于污染物扩散稀释的条件下，无组织排放监控值不应超过排放标准所规定的限值，因此，监测人员应在不违反上述原则的前提下，选择尽可能高的生产负荷及不利于污染物扩散稀释的条件进行监测。

针对以上基本要求，如果排污单位执行的行业排放标准中对无组织排放有明确要求的，按照行业标准执行。

7.2.2.2 监测前准备工作

（1）单位基本情况调查

①主要原、辅材料和主、副产品，相应用量和产量、来源及运输方式等，重

点了解用量大和可产生大气污染的材料和产品，列表说明，并予以必要的注释。

②注意车间和其他主要建筑物的位置和尺寸，有组织排放和无组织排放口位置及其主要参数，排放污染物的种类和排放速率；单位周界围墙的高度和性质（封闭式或通风式）；单位区域内的主要地形变化等。对单位周界外的主要环境敏感点（影响气流运动的建筑物和地形分布、有无排放被测污染物的污染源存在）进行调查，并标于单位平面布置图中。

③了解环境保护影响评价、工程建设设计、实际建设的污染治理设施的种类、原理、设计参数、数量以及目前的运行情况等。

（2）无组织排放源基本情况调查

除调查排放污染物的种类和排放速率（估计值）之外，还应重点调查被监测无组织排放源的形状、尺寸、高度及其处于建筑群的具体位置等。

（3）仪器设备准备

按照被测物质的对应标准分析方法中有关无组织排放监测的采样部分所规定仪器设备和试剂做好准备。所用仪器应通过计量监督部门的性能检定合格，并在使用前做必要调试和检查。采样时应注意检查电路系统、气路部分、校正流量计。

（4）监测条件

监测时，被测无组织排放源的排放负荷应处于相对较高，或者处于正常生产和排放状态。主导风向（平均风速）利于监控点的设置，并且尽可能缩短监控点和被测无组织排放源之间的距离。通常情况下，选择冬季微风的日期，避开阳光辐射较强烈的中午时段进行监测是比较适宜的。

7.2.3　指标测定

各监测指标除遵循 7.2.1 监测方式和 7.2.2 现场采样的相关要求外，还应遵循各自的具体要求。

为了加强对水泥工业排污单位的环境管理，在水泥工业自行监测技术指南编制过程中对排污单位厂界无组织监测指标规定了对颗粒物、氨、硫化氢、臭气浓度以及非甲烷总烃进行无组织排放的要求。排污单位可根据排污许可证、所执行的污染物排放（控制）标准、环境影响评价文件及其批复等相关环境管理规定，以及其生产工艺、原辅用料、中间及最终产品，按照《恶臭污染物排放标准》和《大气污染物综合排放标准》（GB 16297—1996）所列污染物视具体情况而定。

7.2.3.1　臭气浓度

（1）监测点位

恶臭的无组织排放采样点一般设置在厂界，在工厂厂界的下风向或有臭气方位的边界线上。在实际监测过程中，可以参照《大气污染物无组织排放监测技术导则》（HJ/T 55—2000）的规定，在厂界（距离臭气无组织排放源较近处）下风向设置，一般设置 3 个点位，根据风向变化情况可适当增加或减少监测点位。当围墙的通透性很好时，可紧靠围墙外侧设监控点；当围墙的通透性不好时，也可紧靠围墙设置监控点，但采气口要高出围墙 20～30 cm；当围墙的通透性不好，又不便于把采气口抬高时，为避开围墙造成的涡流区，应将监控点设于距离围墙 1.5～2 倍围墙高度，且距地面 1.5 m 的位置。具体设置时，应避免对周边环境的影响，包括花丛树木、污水沟渠、垃圾收集点等。

现场监测时，无组织排放源与下风向周界之间存在若干阻挡气流运动的建筑、树木等物质，使气流形成涡流，污染物迁移变化比较复杂。因此，监测人员要根据具体的地形、气象条件研究和分析，发挥创造性，综合确定采样点位，以保证获取污染物最大排放浓度值。

（2）监测指标

《恶臭污染物排放标准》（GB 14554—93）中给出 8 种污染物及臭气浓度限值，污染物分别是氨、三甲胺、硫化氢、甲硫醇、甲硫醚、二甲二硫、二硫化碳和苯乙烯，在开展恶臭无组织监测时，除有技术规范、监测指南规定外，一般要监测这 8 种污染物及臭气浓度，其中臭气浓度是指恶臭气体（包括异味）用无臭空气进行稀释，稀释到刚好无臭时所需的稀释倍数。

（3）监测频次

涉恶臭无组织排放的污染源可按照行业监测技术指南开展监测，如行业监测技术指南未对恶臭无组织排放进行规定，参考《总则》执行。

（4）监测技术方法

监测技术方法确定的方法和原则与有组织排放监测相同。一般分为手工监测和自动监测。目前，恶臭无组织排放监测多以手工监测为主，部分地区的化工园区或石化企业实现无组织自动监测。

（5）采样方法和分析方法

恶臭无组织采样方法参照《大气污染物无组织排放监测技术导则》（HJ/T 55—2000）和《环境空气和废气　臭气的测定　三点比较式臭袋法》（HJ 1262—2022）。

恶臭浓度及恶臭污染物的监测方法见表 7-5。

表 7-5　恶臭浓度及恶臭污染物的监测方法

序号	控制项目	测定方法
1	氨	《环境空气和废气　氨的测定　纳氏试剂分光光度法》（HJ 533—2009）
		《环境空气　氨的测定　次氯酸钠-水杨酸分光光度法》（HJ 534—2009）
2	三甲胺	《空气质量　三甲胺的测定　气相色谱法》（GB/T 14676—93）
3	硫化氢	《空气质量　硫化氢、甲硫醇、甲硫醚和二甲二硫的测定　气相色谱法》（GB/T 14678—93）
4	甲硫醇	《环境空气　挥发性有机物的测定　罐采样/气相色谱-质谱法》（HJ 759—2015）
		《空气质量　硫化氢、甲硫醇、甲硫醚和二甲二硫的测定　气相色谱法》（GB/T 14678—93）
5	甲硫醚	《环境空气　挥发性有机物的测定　罐采样/气相色谱-质谱法》（HJ 759—2015）
		《空气质量　硫化氢、甲硫醇、甲硫醚和二甲二硫的测定　气相色谱法》（GB/T 14678—93）
6	二甲二硫	《空气质量　硫化氢、甲硫醇、甲硫醚和二甲二硫的测定　气相色谱法》（GB/T 14678—93）
7	二硫化碳	《环境空气　挥发性有机物的测定　罐采样/气相色谱-质谱法》（HJ 759—2015）
		《空气质量　二硫化碳的测定　二乙胺分光光度法》（GB/T 14680—93）
8	苯乙烯	《环境空气　挥发性有机物的测定　罐采样/气相色谱-质谱法》（HJ 759—2015）
		《环境空气　苯系物的测定　固体吸附/热脱附-气相色谱法》（HJ 583—2010）
9	臭气浓度	《环境空气和废气　臭气的测定　三点比较式臭袋法》（HJ 1262—2022）

7.2.3.2　非甲烷总烃

（1）常用方法

无组织废气监测时，非甲烷总烃监测主要依据的方法有《大气污染物无组织排放监测技术导则》（HJ/T 55—2000）和《环境空气　总烃、甲烷和非甲烷总烃的测定　直接进样-气相色谱法》（HJ 604—2017）。

（2）监测点位

非甲烷总烃的无组织排放采样点可参照 7.2.3.1 中的臭气浓度采样时点位布设。

（3）注意事项

①采样容器经现场空气清洗至少 3 次后采样。以玻璃注射器满刻度采集空气样品的，用惰性密封头密封；以气袋采集样品的，用真空气体采样箱将空气样品引入气袋，至最大体积的 80%左右，立即密封。将注入除烃空气的采样容器带至采样现场，与同批次采集的样品一起送回实验室分析。

②采集样品的玻璃注射器应小心轻放，防止破损，保持针头端向下状态放入样品箱内保存和运送。样品应常温避光保存，采样后尽快分析。玻璃注射器保存的样品，放置时间不应超过 8 小时；气袋保持的样品，放置时间不应超过 48 小时。

③采样容器使用前应充分洗净，经气密性检查合格，置于密闭采样箱中以避免污染。样品返回实验室时，应平衡至环境温度后再进行测定。测定复杂样品后，如发现分析系统内有残留，可通过提高柱温等方式去除，以分析除烃空气确认。

7.2.3.3　其他特征污染物的监测

（1）监控点布设方法

根据《大气污染物综合排放标准》（GB 16297—1996）的规定，监控点布设方法有两种。

①在排放源上、下风向分别设置参照点和监控点的方法

对于 1997 年 1 月 1 日之前设立的污染源，监测二氧化硫、氮氧化物、颗粒物

和氟化物污染物无组织排放时，在排放源的上风向设参照点，下风向设监控点，监控点设于排放源下风向的浓度最高点，不受单位周界的限制。

②在单位周界外设置监控点的方法

对于 1997 年 1 月 1 日之后设立的污染源，监测其污染物无组织排放时，监控点设置在单位周界外污染物浓度最高点处，监控点设置方法参照《大气污染物无组织排放监测技术导则》（HJ/T 55—2000）标准文本中条目 9.1。对于 1997 年 1 月 1 日之前设立的污染源，监测除二氧化硫、氮氧化物、颗粒物和氟化物之外的污染物无组织排放时，也采用此方法布设监控点。

设置参照点的原则要求：参照点应不受或尽可能少受被测无组织排放源的影响，参照点要力求避开其近处的其他无组织排放源和有组织排放源的影响，尤其要注意避开那些可能对参照点造成明显影响而同时对监控点无明显影响的排放源；参照点的设置，要以能够代表监控点的污染物本底浓度为原则。具体设置方法参见《大气污染物无组织排放监测技术导则》（HJ/T 55—2000）标准文本中条目 9.2.1。

设置监控点的原则要求：监控点应设置于无组织排放下风向，距排放源 2～50 m 范围内的浓度最高点。设置监控点不需要回避其他源的影响。具体设置方法参见《大气污染物无组织排放监测技术导则》（HJ/T 55—2000）标准文本中条目 9.2.2。

③复杂情况下的监控点设置

在特别复杂的情况下，不可能单独运用上述各点的内容来设置监控点，需对情况进行仔细分析，综合运用《大气污染物综合排放标准》（GB 16297—1996）和《大气污染物无组织排放监测技术导则》（HJ/T 55—2000）的有关条款设置监控点。同时，也不可能对污染物的运动和分布做确切的描述并得出确切的结论，此时监测人员应尽可能利用现场可利用的条件，如利用无组织排放废气的颜色、嗅味、烟雾分布、地形特点等，甚至采用人造烟源或其他情况，借以分析污染物的运动和可能的浓度最高点，并据此设置监控点。

（2）样品采集

①有与大气污染物排放标准相配套的国家标准分析方法的污染物项目，应按

照配套标准分析方法中适用于无组织排放采样的方法执行。

②尚缺少配套标准分析方法的污染物项目，应按照环境空气监测方法中的采样要求进行采样。

③无组织排放监测的采样频次，参见 7.2.2.1（3）。

（3）分析方法

①有与大气污染物排放标准相配套的国家标准分析方法的污染物项目，应按照配套标准分析方法（其中适用于无组织排放部分）执行。

②个别没有配套标准分析方法的污染物项目，应按照适用于环境空气监测的标准分析方法执行。

（4）计值方法

①在污染源单位周界外设监控点的监测结果，以最多 4 个监控点中的测定浓度最高点的测值作为无组织排放监控浓度值。注意：浓度最高点的测值应是 1 小时连续采样或由等时间间隔采集的 4 个样品所得的 1 小时平均值。

②在无组织排放源上、下风向分别设置参照点和监控点的监测结果，以最多 4 个监控点中的浓度最高点测值扣除参照点测值所得之差值，作为无组织排放监控浓度值。注意：监控点和参照点测值是指 1 小时连续采样或由等时间间隔采集的 4 个样品所得的 1 小时平均值。

第8章 废气自动监测技术要点

废气自动监测系统因其实时、自动等功能，在环境管理中发挥着越来越大的作用。如何确保废气自动监测数据能够有效应用，这就要求排污单位加强废气自动监测系统的运维和管理，使其能够稳定、良好地运行。本章基于《固定污染源烟气（SO_2、NO_x、颗粒物）排放连续监测技术规范》（HJ 75—2017）、《固定污染源烟气（SO_2、NO_x、颗粒物）排放连续监测系统技术要求及检测方法》（HJ 76—2017）标准，对废气自动监测系统的建设、验收、运行维护应注意的技术要点进行了梳理。

8.1 废气自动监测系统组成及性能要求

8.1.1 基本概念

废气自动监测系统一般是指烟气排放连续监测系统（Continuous Emission Monitoring System，CEMS），该系统能够实现对固定污染源排放的颗粒物和（或）气态污染物的排放浓度和排放量进行连续、实时的自动监测。废气自动监测管理是指对系统中包含的所有设备进行规范安装、调试、验收、运行维护，从而实现对自动监测数据质量保证与质量控制的技术工作。

8.1.2　CEMS 组成和功能要求

一套完整的 CEMS 主要包括颗粒物监测单元、气态污染物监测单元、烟气参数监测单元、数据采集与传输单元以及相应的建筑设施等。

颗粒物监测单元：主要对排放烟气中的颗粒物浓度进行测量。

气态污染物监测单元：主要对排放烟气中 SO_2、NO_x、CO、HCl 等气态形式存在的污染物进行监测。

烟气参数监测单元：主要对排放烟气的温度、压力、湿度、含氧量等参数进行监测，用于污染物排放量的计算，以及将污染物的实测浓度折算成标准干烟气状态下或排放标准中规定的过剩空气系数下的浓度。

数据采集与传输单元：主要完成测量数据的采集、存储、统计功能，并按相关标准要求的格式将数据传输到生态环境监管部门。

根据水泥行业特点来看，需要对水泥窑及窑尾预热利用系统排放的颗粒物、SO_2、NO_x 等主要污染物开展自动监测。在选择 CEMS 时，应要求具备测量烟气中颗粒物、SO_2、NO_x 浓度和烟气参数（温度、压力、流速或流量、湿度、含氧量等），同时计算出烟气中污染物的排放速率和排放量，显示（可支持打印）和记录各种数据和参数，形成相关图表，并通过数据、图文等方式传输至管理部门等功能。

对于氮氧化物监测单元，NO_2 可以直接测量，也可以通过转化炉转化为 NO 后一并测量，但不允许只监测烟气中的 NO。NO_2 转换为 NO 的效率不小于 95%。

排污单位在进行自动监控系统安装选型时，应当根据国家对每个监测设备的具体技术要求选型安装。选型安装在线监测仪器时，应根据污染物浓度和排放标准，选择检测范围与之匹配的在线监测仪器，监测仪器满足国家对应仪器的技术要求。如二氧化硫、氮氧化物、颗粒物应符合《固定污染源烟气（SO_2、NO_x、颗粒物）排放连续监测技术规范》（HJ 75—2017）和《固定污染源烟气（SO_2、NO_x、颗粒物）排放连续监测系统技术要求及检测方法》（HJ 76—2017）等相关规范要求。选型安装数据传输设备时，应按照《污染物在线监控（监测）系统数据传输标准》（HJ 212—2017）和《污染源在线自动监控（监测）数据采集传输仪技术要求》（HJ 477—2009）的规范要求设置，不得添加其他可能干扰监测数据存储、处理、传输的软件或设备。

在污染源自动监测设备建设、联网和管理过程中，当地生态环境主管部门有相关规定的，应同时参考地方的规定要求。

8.2　CEMS 现场安装要求

CEMS 的现场安装主要涉及现场监测站房、废气排放口、自动监控点位设置及监测断面等内容。现场监测站房必须能满足仪器设备功能需求且专室专用，保障供电、给排水、温湿度控制、网络传输等必须的运行条件，配备安装必要的电源、通信网络、温湿度控制、视频监视和安全防护设施；排放口应设置符合《环境保护图形标志——排放口（源）》（GB 15562.1—1995）要求的环境保护图形标志牌。排放口的设置应按照原环境保护部和地方生态环境主管部门的相关要求，进行规范化设置；自动监控点位的选取应尽可能选取固定污染源烟气排放状况有代表性的点位。具体要求见本书 5.3 节的相关部分内容。

8.3　CEMS 技术指标调试检测

CEMS 在现场安装运行以后，在接受验收前，应对其进行技术性能指标和联网情况的调试检测。

8.3.1　CEMS 技术指标调试检测

CEMS 调试检测的技术指标包括：

①颗粒物 CEMS 零点漂移、量程漂移；

②颗粒物 CEMS 线性相关系数、置信区间、允许区间；

③气态污染物 CEMS 和氧气 CMS 零点漂移、量程漂移；

④气态污染物 CEMS 和氧气 CMS 示值误差；

⑤气态污染物 CEMS 和氧气 CMS 系统响应时间；

⑥气态污染物 CEMS 和氧气 CMS 准确度；

⑦流速 CMS 速度场系数；

⑧流速 CMS 速度场系数精密度；

⑨温度 CMS 准确度；

⑩湿度 CMS 准确度。

8.3.2　联网调试检测

安装调试完成后 15 天内，按照《污染物在线监控（监测）系统数据传输标准》（HJ 212—2017）技术要求与生态环境主管部门联网。

8.4　CEMS 验收要求

技术验收包括 CEMS 技术指标验收和联网验收。

CEMS 在完成安装、调试检测并与生态环境主管部门联网后，同时符合下列要求后，可组织实施技术验收工作。

（1）CEMS 的安装位置及手工采样位置应符合 5.3 节相关部分内容的要求。

（2）数据采集和传输以及通信协议均应符合 HJ 212—2017 的要求，并提供一个月内数据采集和传输自检报告，报告应对数据传输标准的各项内容作出响应。

（3）根据 8.3.1 的要求进行 72 小时的调试检测，并提供调试检测合格报告及调试检测结果数据。

（4）调试检测后至少稳定运行 7 天。

8.4.1　CEMS 技术指标验收

8.4.1.1　验收要求

CEMS 技术指标验收包括颗粒物 CEMS、气态污染物 CEMS、烟气参数 CMS 技术指标验收。符合下列要求后，即可进行技术指标验收。

（1）现场验收期间，生产设备应正常且稳定运行，可通过调节固定污染源烟气净化设备达到某一排放状况，该状况在测试期间保持稳定。

（2）日常运行中更换 CEMS 分析仪表或变动 CEMS 取样点位时，应进行再次验收。

（3）现场验收时必须采用有证标准物质或标准样品，较低浓度的标准气体可以使用高浓度的标准气体采用等比例稀释方法获得，等比例稀释装置的精密度在 1%以内。标准气体要求贮存在铝瓶或不锈钢瓶中，不确定度不超过±2%。

（4）对于光学法颗粒物 CEMS，校准时须对实际测量光路进行全光路校准，确保发射光先经过出射镜片，再经过实际测量光路，到校准镜片后，再经过入射镜片到达接收单元，不得只对激光发射器和接收器进行校准。对于抽取式气态污染物 CEMS，当对全系统进行零点校准和量程校准、示值误差和系统响应时间的检测时，零气和标准气体应通过预设管线输送至采样探头处，经由样品传输管线回到站房，经过全套预处理设施后进入气体分析仪。

（5）验收前检查直接抽取式气态污染物采样伴热管的设置，设置的加热温度应≥120℃，并高于烟气露点温度 10℃以上，实际温度能够在机柜或系统软件中查询。冷干法 CEMS 冷凝器的设置和实际控制温度应保持在 2～6℃。

8.4.1.2　验收内容

颗粒物 CEMS 技术指标验收包括颗粒物的零点漂移、量程漂移和准确度验收。气态污染物 CEMS 和氧气 CMS 技术指标验收包括零点漂移、量程漂移、示值误差、系统响应时间和准确度验收。

现场验收时,先做示值误差和系统响应时间的验收测试,不符合技术要求的,可不再继续开展其余项目验收。

通入零气和标气时,均应通过 CEMS 系统,不得直接通入气体分析仪。

示值误差、系统响应时间、零点漂移和量程漂移验收技术指标需满足表 8-1 的要求。

表 8-1 示值误差、系统响应时间、零点漂移和量程漂移验收技术要求

检测项目			技术要求
气态污染物 CEMS	二氧化硫	示值误差	当满量程≥100 μmol/mol(286 mg/m³)时,示值误差不超过±5%(相对于标准气体标称值); 当满量程<100 μmol/mol(286 mg/m³)时,示值误差不超过±2.5%(相对于仪表满量程值)
		系统响应时间	≤200 s
		零点漂移、量程漂移	不超过±2.5%
	氮氧化物	示值误差	当满量程≥200 μmol/mol(410 mg/m³)时,示值误差不超过±5%(相对于标准气体标称值); 当满量程<200 μmol/mol(410 mg/m³)时,示值误差不超过±2.5%(相对于仪表满量程值)
		系统响应时间	≤200 s
		零点漂移、量程漂移	不超过±2.5%
氧气 CMS	氧气	示值误差	±5%(相对于标准气体标称值)
		系统响应时间	≤200 s
		零点漂移、量程漂移	不超过±2.5%
颗粒物 CEMS	颗粒物	零点漂移、量程漂移	不超过±2.0%

注:氮氧化物以 NO_2 计。

准确度验收技术指标需满足表 8-2 的要求。

表 8-2　准确度验收技术要求

检测项目			技术要求
气态污染物 CEMS	二氧化硫	准确度	排放浓度≥250 μmol/mol（715 mg/m³）时，相对准确度≤15%
			50 μmol/mol（143 mg/m³）≤排放浓度<250 μmol/mol（715 mg/m³）时，绝对误差不超过±20 μmol/mol（57 mg/m³）
			20 μmol/mol（57 mg/m³）≤排放浓度<50 μmol/mol（143 mg/m³）时，相对误差不超过±30%
			排放浓度<20 μmol/mol（57 mg/m³）时，绝对误差不超过±6 μmol/mol（17 mg/m³）
	氮氧化物	准确度	排放浓度≥250 μmol/mol（513 mg/m³）时，相对准确度≤15%
			50 μmol/mol（103 mg/m³）≤排放浓度<250 μmol/mol（513 mg/m³）时，绝对误差不超过±20 μmol/mol（41 mg/m³）
			20 μmol/mol（41 mg/m³）≤排放浓度<50 μmol/mol（103 mg/m³）时，相对误差不超过±30%
			排放浓度<20 μmol/mol（41 mg/m³）时，绝对误差不超过±6 μmol/mol（12 mg/m³）
	其他气态污染物	准确度	相对准确度≤15%
氧气 CMS	氧气	准确度	>5.0%时，相对准确度≤15%
			≤5.0%时，绝对误差不超过±1.0%
颗粒物 CEMS	颗粒物	准确度	排放浓度>200 mg/m³ 时，相对误差不超过±15%
			100 mg/m³<排放浓度≤200 mg/m³ 时，相对误差不超过±20%
			50 mg/m³<排放浓度≤100 mg/m³ 时，相对误差不超过±25%
			20 mg/m³<排放浓度≤50 mg/m³ 时，相对误差不超过±30%
			10 mg/m³<排放浓度≤20 mg/m³ 时，绝对误差不超过±6 mg/m³
			排放浓度≤10 mg/m³，绝对误差不超过±5 mg/m³
流速 CMS	流速	准确度	流速>10 m/s 时，相对误差不超过±10%
			流速≤10 m/s 时，相对误差不超过±12%
温度 CMS	温度	准确度	绝对误差不超过±3℃
湿度 CMS	湿度	准确度	烟气湿度>5.0%时，相对误差不超过±25%
			烟气湿度≤5.0%时，绝对误差不超过±1.5%

注：氮氧化物以 NO_2 计，以上各参数区间划分以参比方法测量结果为准。

8.4.2　联网验收

联网验收由通信及数据传输验收、现场数据比对验收和联网稳定性验收三部分组成。

8.4.2.1　通信及数据传输验收

按照 HJ 212—2017 的规定检查通信协议的正确性。数据采集和处理子系统与监控中心之间的通信应稳定，不出现经常性的通信连接中断、报文丢失、报文不完整等通信问题。为保证监测数据在公共数据网上传输的安全性，所采用的数据采集和处理子系统应进行加密传输。监测数据在向监控系统传输的过程中，应由数据采集和处理子系统直接传输。

8.4.2.2　现场数据比对验收

数据采集和处理子系统稳定运行一周后，对数据进行抽样检查，对比上位机接收到的数据和现场机存储的数据是否一致，精确至一位小数。

8.4.2.3　联网稳定性验收

在连续一个月内，子系统能稳定运行，不出现除通信稳定性、通信协议正确性、数据传输正确性以外的联网问题。

8.4.2.4　联网验收技术指标要求

联网验收技术指标要求见表 8-3。

表 8-3　联网验收技术指标要求

验收检测项目	考核指标
通信稳定性	①现场机在线率为 95%以上； ②正常情况下，掉线后，应在 5 min 之内重新上线； ③单台数据采集传输仪每日掉线次数在 3 次以内； ④报文传输稳定性在 99%以上，当出现报文错误或丢失时，启动纠错逻辑，要求数据采集传输仪重新发送报文
数据传输安全性	①对所传输的数据应按照 HJ 212—2017 中规定的加密方法进行加密处理传输，保证数据传输的安全性； ②服务器端对请求连接的客户端进行身份验证
通信协议正确性	现场机和上位机的通信协议应符合 HJ 212—2017 的规定，正确率为 100%
数据传输正确性	系统稳定运行一周后，对一周的数据进行检查，对比接收的数据和现场的数据一致，精确至一位小数，抽查数据正确率为 100%
联网稳定性	系统稳定运行一个月，不出现除通信稳定性、通信协议正确性、数据传输正确性以外的联网问题

8.5　CEMS 日常运行管理要求

8.5.1　总体要求

　　CEMS 运维单位应根据 CEMS 使用说明书和本节要求编制仪器运行管理规程，确定系统运行操作人员和管理维护人员的工作职责。运维人员应当熟练掌握烟气排放连续监测仪器设备的原理、使用和维护方法。CEMS 日常运行管理应包括日常巡检、日常维护保养及 CEMS 的校准和检验。

8.5.2　日常巡检

　　CEMS 运维单位应根据本节要求和仪器使用说明中的相关要求制定巡检规程，并严格按照规程开展日常巡检工作并做好记录。日常巡检记录应包括检查项目、检查日期、被检项目的运行状态等内容，每次巡检应记录并归档。CEMS 日常巡检时间间隔不超过 7 天。

日常巡检可参照 HJ 75—2017 附录 G 中的表 G.1～表 G.3 表格形式记录。

8.5.3　日常维护保养

运维单位应根据 CEMS 说明书的要求对 CEMS 系统保养内容、保养周期或耗材更换周期等作出明确规定，每次保养情况应记录并归档。每次进行备件或材料更换时，更换的备件或材料的品名、规格、数量等应记录并归档。如更换有证标准物质或标准样品，还需记录新标准物质或标准样品的来源、有效期和浓度等信息。对日常巡检或维护保养中发现的故障或问题，运维人员应及时处理并记录。

CEMS 日常运行管理参照 HJ 75—2017 附录 G 中的格式记录。

8.5.4　CEMS 的校准和检验

运维单位应根据 8.6 节规定的方法和质量保证规定的周期制定 CEMS 系统的日常校准和校验操作规程。校准和校验记录应及时归档。

8.6　CEMS 日常运行质量保证要求

8.6.1　总体要求

CEMS 日常运行质量保证是保障 CEMS 正常稳定运行、持续提供有质量保证监测数据的必要手段。当 CEMS 不能满足技术指标而失控时，应及时采取纠正措施，并应缩短下一次校准、维护和校验的间隔时间。

8.6.2　定期校准

CEMS 运行过程中的定期校准是质量保证中的一项重要工作，定期校准应做到以下几方面：

（1）具有自动校准功能的颗粒物 CEMS 和气态污染物 CEMS 每 24 小时至少自动校准一次仪器的零点和量程，同时测试并记录零点漂移和量程漂移。

（2）无自动校准功能的颗粒物 CEMS 每 15 天至少校准一次仪器的零点和量程，同时测试并记录零点漂移和量程漂移。

（3）无自动校准功能的直接测量法气态污染物 CEMS 每 15 天至少校准一次仪器的零点和量程，同时测试并记录零点漂移和量程漂移。

（4）无自动校准功能的抽取式气态污染物 CEMS 每 7 天至少校准一次的仪器零点和量程，同时测试并记录零点漂移和量程漂移。

（5）抽取式气态污染物 CEMS 每 3 个月至少进行一次全系统的校准，要求零气和标准气体从监测站房发出，经采样探头末端与样品气体通过的路径（应包括采样管路、过滤器、洗涤器、调节器、分析仪表等）一致，进行零点和量程漂移、示值误差和系统响应时间的检测。

（6）具有自动校准功能的流速 CMS 每 24 小时至少进行一次零点校准，无自动校准功能的流速 CMS 每 30 天至少进行一次零点校准。

（7）校准校验技术指标应满足表 8-4 的要求。定期校准记录按照 HJ 75—2017 附录 G 中的表 G.4 表格形式记录。

表 8-4　CEMS 定期校准校验技术指标要求及数据失控时段的判别

项目	CEMS 类型		校准功能	校准周期	技术指标	技术指标要求	失控指标	最少样品数/对
定期校准	颗粒物 CEMS		自动	24 h	零点漂移	不超过±2.0%	超过±8.0%	—
					量程漂移	不超过±2.0%	超过±8.0%	
			手动	15 d	零点漂移	不超过±2.0%	超过±8.0%	
					量程漂移	不超过±2.0%	超过±8.0%	
	气态污染物 CEMS	抽取测量或直接测量	自动	24 h	零点漂移	不超过±2.5%	超过±5.0%	—
					量程漂移	不超过±2.5%	超过±10.0%	
		抽取测量	手动	7 d	零点漂移	不超过±2.5%	超过±5.0%	
					量程漂移	不超过±2.5%	超过±10.0%	
		直接测量	手动	15 d	零点漂移	不超过±2.5%	超过±5.0%	
					量程漂移	不超过±2.5%	超过±10.0%	

项目	CEMS 类型	校准功能	校准周期	技术指标	技术指标要求	失控指标	最少样品数/对
定期校准	流速 CMS	自动	24 h	零点漂移或绝对误差	零点漂移不超过±3.0%或绝对误差不超过±0.9 m/s	零点漂移超过±8.0%且绝对误差超过±1.8 m/s	—
		手动	30 d	零点漂移或绝对误差	零点漂移不超过±3.0%或绝对误差不超过±0.9 m/s	零点漂移超过±8.0%且绝对误差超过±1.8 m/s	—
	颗粒物 CEMS	3 个月或6 个月		准确度	满足本标准9.3.8	超过本标准9.3.8 规定范围	5
	气态污染物 CEMS						9
	流速 CMS						5

8.6.3　定期维护

CEMS 运行过程中的定期维护是日常巡检的一项重要工作，维护频次按照 HJ 75—2017 中附表 G.1～G.3 说明的进行，定期维护应做到：

（1）污染源停运到开始生产前应及时到现场清洁光学镜面。

（2）定期清洗隔离烟气与光学探头的玻璃视窗，检查仪器光路的准直情况；定期对清吹空气保护装置进行维护，检查空气压缩机或鼓风机、软管、过滤器等部件。

（3）定期检查气态污染物 CEMS 的过滤器、采样探头和管路的结灰和冷凝水情况、气体冷却部件、转换器、泵膜老化状态。

（4）定期检查流速探头的积灰和腐蚀情况、反吹泵和管路的工作状态。

（5）定期维护记录按照 HJ 75—2017 附录 G 中的表 G.1～表 G.3 表格形式记录。

8.6.4　定期校验

CEMS 投入使用后，燃料、除尘效率的变化、水分的影响、安装点的振动等都会对测量结果的准确性产生影响。定期校验应做到：

（1）有自动校准功能的测试单元每 6 个月至少做一次校验，没有自动校准功能的测试单元每 3 个月至少做一次校验；校验用参比方法和 CEMS 同时段数据进行比对，按照 HJ 75—2017 进行。

（2）校验结果应符合表 8-4 的要求，不符合时，则应扩展为对颗粒物 CEMS 的相关系数的校正或/和评估气态污染物 CEMS 的准确度或/和流速 CMS 的速度场系数（或相关性）的校正，直到 CEMS 达到表 8-2 的要求，方法见 HJ 75—2017 附录 A。

（3）定期校验记录按照 HJ 75—2017 附录 G 中的表 G.5 表格形式记录。

8.6.5　常见故障分析及排除

当 CEMS 发生故障时，系统管理维护人员应及时处理并记录。设备维修记录见 HJ 75—2017 附录 G 中的表 G.6。维修处理过程中，要注意以下几点：

（1）CEMS 需要停用、拆除或者更换的，应当事先报经管理部门批准。

（2）运维单位发现故障或接到故障通知，应在 4 小时内赶到现场处理。

（3）对于一些容易诊断的故障，如电磁阀控制失灵、膜裂损、气路堵塞、数据采集仪死机等，可携带工具或者备件到现场进行针对性维修，此类故障维修时间不应超过 8 小时。

（4）仪器经过维修后，在正常使用和运行之前应确保维修内容全部完成，性能通过检测程序，按照 8.6.2 对仪器进行校准检查。若监测仪器进行了更换，在正常使用和运行之前应对系统进行重新调试和验收。

（5）若数据存储/控制仪发生故障，应在 12 小时内修复或更换，并保证已采集的数据不丢失。

（6）监测设备因故障不能正常采集、传输数据时，应及时向主管部门报告，缺失数据按照 8.7.2 处理。

8.6.6　定期校准校验技术指标要求及数据失控时段的判别与修约

（1）CEMS 在定期校准、校验期间的技术指标要求及数据失控时段的判别标准见表 8-4。

（2）当发现任一参数不满足技术指标要求时，应及时按照本规范及仪器说明书等的相关要求，采取校准、调试乃至更换设备重新验收等纠正措施直至满足技术指标要求。当发现任一参数数据失控时，应记录失控时段（从发现失控数据起到满足技术指标要求后停止的时间段）及失控参数，并进行数据修约。

8.7　数据审核和处理

8.7.1　数据审核

固定污染源生产状况下，经验收合格的 CEMS 正常运行时段为 CEMS 数据有效时间段。CEMS 非正常运行时段（如 CEMS 故障期间、维修期间、超过 8.6.2 规定的期限未校准时段、失控时段以及有计划的维护保养、校准等时段）均为 CEMS 数据无效时段。

污染源计划停运一个季度以内的，不得停运 CEMS，日常巡检和维护要求仍按照本书 8.5 节和 8.6 节规定执行；计划停运超过一个季度的，可停运 CEMS，但应报当地生态环境主管部门备案。污染源启运前，应提前启运 CEMS 系统，并进行校准，在污染源启运后的两周内进行校验，满足表 8-4 技术指标要求的，视为启运期间自动监测数据有效。

8.7.2　数据无效时间段数据处理

CEMS 因发生故障需停机维修时，其维修期间的数据替代按表 8-6 处理；亦可以用参比方法监测的数据替代，频次不低于一天一次，直至 CEMS 技术指标调试到符合表 8-1 和表 8-2 时为止。如使用参比方法监测的数据替代，则监测过程应按照 GB/T 16157—1996、HJ 836—2017 和 HJ/T 397—2007 的要求进行，替代数据包括污染物浓度、烟气参数和污染物排放量。

CEMS 系统数据失控时段污染物排放量按照表 8-5 进行修约，污染物浓度和烟气参数不修约。CEMS 系统超期未校准的时段视为数据失控时段，污染物排放量按照表 8-5 进行修约，污染物浓度和烟气参数不修约。

表 8-5　失控时段的数据处理方法

季度有效数据捕集率（α）	连续失控小时数（N）/h	修约参数	选取值
$\alpha \geq 90\%$	$N \leq 24$	二氧化硫、氮氧化物、颗粒物的排放量	上次校准前 180 个有效小时排放量最大值
	$N > 24$		上次校准前 720 个有效小时排放量最大值
$75\% \leq \alpha < 90\%$	—		上次校准前 2 160 个有效小时排放量最大值

CEMS 系统有计划（质量保证/质量控制）的维护保养、校准及其他异常导致的数据无效时段，该时段污染物排放量按照表 8-6 处理，污染物浓度和烟气参数不修约。

表 8-6　维护期间和其他异常导致的数据无效时段的处理方法

季度有效数据捕集率（α）	连续无效小时数（N）/h	修约参数	选取值
$\alpha \geq 90\%$	$N \leq 24$	二氧化硫、氮氧化物、颗粒物的排放量	失效前 180 个有效小时排放量最大值
	$N > 24$		失效前 720 个有效小时排放量最大值
$75\% \leq \alpha < 90\%$	—		失效前 2 160 个有效小时排放量最大值

8.7.3　数据记录与报表

8.7.3.1　记录

按照 HJ 75—2017 附录 D 的表格形式记录监测结果。

8.7.3.2　报表

按照 HJ 75—2017 附录 D（表 D.9～表 D.12）的表格形式定期将 CEMS 监测数据上报，报表中应给出最大值、最小值、平均值、排放累计量以及参与统计的样本数。

第9章 厂界环境噪声及周边环境影响监测

厂界环境噪声和周边环境质量监测应按照相关的标准和规范开展。对厂界噪声而言，重点是监测点位的布设，应能够反映厂内噪声源对厂外，尤其是对厂外居民区等敏感点的影响。对周边环境质量监测，不同的水泥工业对地表水、地下水、近岸海域海水和周边土壤有不同程度的影响，在制定方案时依据相关标准规范和管理要求，结合本单位实际排污环境，适当选择应监测的对象，确保监测项目、监测点位的代表性和监测采样的规范性。本章围绕厂界环境噪声、地表水、近岸海域海水、地下水和土壤监测的关键点进行介绍和说明。

9.1 厂界环境噪声监测

9.1.1 环境噪声的含义

《中华人民共和国噪声污染防治法》第二条规定：本法所称噪声污染，是指超过噪声排放标准或者未依法采取防控措施产生噪声，并干扰他人正常生活、工作和学习的现象。所以在测量厂界环境噪声时应重点关注：①噪声排放是否超过标准规定的排放限值；②是否干扰他人正常生活、工作和学习。

9.1.2　厂界环境噪声布点原则

《工业企业厂界环境噪声排放标准》（GB 12348—2008）中规定，厂界环境噪声监测点位的选择应根据工业企业声源、周围噪声敏感建筑物的布局以及毗邻的区域类别，在工业企业厂界布设多个点位，包括距噪声敏感建筑物较近的以及受被测声源影响大的位置。《总则》则更具体地指出了厂界环境噪声监测点位设置应遵循的原则：①根据厂内主要噪声源距厂界位置布点；②根据厂界周围敏感目标布点；③"厂中厂"是否需要监测根据内部和外围排污单位协商确定；④面临海洋、大江、大河的厂界原则上不布点；⑤厂界紧邻交通干线不布点；⑥厂界紧邻另一个排污单位的，在临近另一个排污单位侧是否布点由排污单位协商确定。

厂界一侧长度在 100 m 以下的，原则上可布设 1 个监测点位；300 m 以下的可布设监测点位 2～3 个；300 m 以上的可布设监测点位 4～6 个。通常所说的厂界，是指由法律文书（如土地使用证、土地所有证、租赁合同等）中所确定的业主所拥有的使用权（或所有权）的场所或建筑边界，各种产生噪声的固定设备的厂界为其实际占地边界。

设置测量点时，一般情况下，应选在工业企业厂界外 1 m，高度 1.2 m 以上；当厂界有围墙且周围有受影响的噪声敏感建筑物时，测量点应选在厂界外 1 m、高于围墙 0.5 m 以上的位置；当厂界无法测量到声源的实际排放状况时（如声源位于高空、厂界设有声屏障等），应在厂界外高于围墙 0.5 m 处设置测量点，同时在受影响的噪声敏感建筑物的户外 1 m 处另设测量点，建筑物高于 3 层时，可考虑分层布点；当厂界与噪声敏感建物距离小于 1 m 时，厂界环境噪声应在噪声敏感建筑物室内测量，室内测量点设在距任何反射面至少 0.5 m 以上、距地面 1.2 m 高度处，在受噪声影响方向的窗户开启状态下测量；固定设备结构传声至噪声敏感建筑物室内，在噪声敏感建筑物室内测量时，测点应距任何反射面至少 0.5 m 以上，距地面 1.2 m、距外窗 1 m 以上，窗户关闭状态下测量，具体要求参照《环境噪声监测技术规范　结构传播固定设备室内噪声》（HJ 707—2014）。

9.1.3　环境噪声测量仪器

测量厂界环境噪声使用的测量仪器为积分平均声级计或环境噪声自动监测仪，其性能应不低于《电声学　声级计　第 1 部分：规范》（GB/T 3785.1—2010）中对 2 型仪器的要求。测量 35 dB（A）以下的噪声时应使用 1 型声级计，且测量范围应满足所测量噪声的需要。校准所用仪器应符合《电声学　声校准器》（GB/T 15173—2010）对 1 级或 2 级声校准器的要求。当需要进行噪声的频谱分析时，仪器性能应符合《电声学　倍频程和分数倍频程滤波器》（GB/T 3241—2010）中对滤波器的要求。

测量仪器和校准仪器应定期检定合格，并在有效使用期限内使用；每次测量前后必须在测量现场进行声学校准，其前后校准示值偏差不得大于 0.5 dB（A），否则测量结果无效。测量时传声器加装防风罩。测量仪器时间计权特性设为"F"档，采样时间间隔不大于 1 s。

9.1.4　环境噪声监测注意事项

测量应在无雨雪、无雷电天气，风速为 5 m/s 以下时进行。不得不在特殊气象条件下测量时，应采取必要措施保证测量准确性，同时注明当时所采取的措施及气象情况，测量应在被测声源正常工作时间进行，同时注明当时的工况。

分别在昼间、夜间两个时段测量。夜间有频发、偶发噪声影响时同时测量最大声级。被测声源是稳态噪声，采用 1 min 的等效声级。被测声源是非稳态噪声，测量被测声源有代表性时段的等效声级，必要时测量被测声源整个正常工作时段的等效声级。噪声超标时，必须测量背景值，背景噪声的测量及修正应按照《环境噪声监测技术规范　噪声测量值修正》（HJ 706—2014）进行。

9.1.5　监测结果评价

各个测点的测量结果应单独评价。同一测点每天的测量结果按昼间、夜间进行评价。最大声级直接评价。当厂界与噪声敏感建物距离小于 1 m，厂界环境噪声在噪声敏感建筑物室内测量时，应将相应的噪声标准限制减 10 dB（A）作为评价依据。

9.2　周边环境影响监测

水泥工业排污单位厂界周边的土壤、地表水、地下水、大气等环境质量影响监测点位参照排污单位环境影响评价文件及其批复及其他环境管理要求设置。

协同处置固体废物的水泥工业排污单位厂界周边的土壤环境质量影响监测点位定期开展自行监测。如环境影响评价文件及其批复和其他文件中均未作出要求，排污单位需要开展周边环境质量影响监测的，土壤环境质量影响监测点位设置的原则和方法参照《环境影响评价技术导则　土壤环境（试行）》（HJ 964—2018）、《土壤环境监测技术规范》（HJ/T 166—2004）等执行。

参照《环境影响评价技术导则　土壤环境（试行）》（HJ 964—2018）中有关污染影响型建设项目的要求，根据排污单位类别、占地面积大小及土壤环境的敏感程度，确定监测点位布设的范围、数量及采样深度。

首先，根据表 9-1 的规定，确定排污单位对周边土壤环境影响的等级。

表 9-1　排污单位周边土壤环境影响等级分级表

占地面积[2] \ 敏感程度[3]	建设项目类别[1]								
	Ⅰ类项目			Ⅱ类项目			Ⅲ类项目		
	大	中	小	大	中	小	大	中	小
敏感	一级	一级	一级	二级	一级	二级	三级	三级	三级
较敏感	一级	一级	二级	二级	二级	三级	三级	三级	—
不敏感	一级	二级	二级	二级	三级	三级	三级	—	—

注：①参见《环境影响评价技术导则　土壤环境（试行）》（HJ 964—2018）中附录 A。
②排污单位占地面积分为大型（≥50 hm²）、中型（5～50 hm²）、小型（≤5 hm²）。
③参见《环境影响评价技术导则　土壤环境（试行）》（HJ 964—2018）中表 3。

其次，在确定排污单位土壤环境影响的等级后，可根据表 9-2 的规定确定监测点布设的范围及点位数量。

表 9-2　排污单位周边土壤环境质量影响监测点位布设范围及数量

土壤环境影响等级	周边土壤环境监测点的布设范围[①]	点位数量
一级	1 km²	4 个表层点[②]
二级	0.2 km²	2 个表层点[②]
三级	0.02 km²	—[③]

注：①涉及大气沉降途径影响的，可根据主导风向下风向最大浓度落地点适当调整监测点位布设范围。

　　②影响等级为三级的排污单位，除有特殊要求的，一般可不考虑布设周边土壤环境监测点。

　　③表层点一般在 0～0.2 m 采样。

土壤样品的现场采集、样品流转、制备、保存、实验室分析及质量控制的具体过程应符合《土壤环境监测技术规范》（HJ/T 166—2004）中的相关技术规定。

第 10 章　监测质量保证与质量控制体系

监测质量保证与质量控制是提高监测数据质量的重要保障，是监测过程的重中之重，同时涉及监测过程各方面内容。本章立足现有经验，对污染源监测应关注的重点内容、质控要点进行梳理，提供了经验性的参考，但仍难以做到面面俱到。排污单位或社会化检测机构在开展污染源监测过程中，可参考本章的内容，结合自身实际情况，制定切实有效的监测质量保证与质量控制方案，提高监测数据质量。

10.1　基本概念

监测质量保证与质量控制是环境监测过程中的两个重要概念。《环境监测质量管理技术导则》（HJ 630—2011）中这样定义：质量保证是指为了提供足够的信任表明实体能够满足质量要求，而在质量体系中实施并根据需要证实的全部有计划和有系统的活动。质量控制是指为达到质量要求所采取的作业技术或活动。

采取质量保证的目的是获取他人对质量的信任，是为使他人确信某实体提供的数据、产品或者服务等能满足质量要求而实施的并根据需要进行证实的全部有计划和有系统的活动。质量控制则是通过监视质量形成过程，消除生产数据、产品或者提供服务的所有阶段中可能引起不合格或不满意效果的因素，使其达到质量要求而采用的各种作业技术和活动。

环境监测的质量保证与质量控制，是依靠系统的文件规定来实施的内部的技术和管理手段。它们既是生产出符合国家质量要求的检测数据的技术管理制度和活动，也是一种"证据"，即向任务委托方、环境管理机构和公众等表明该检测数据是在严格的质量管理中完成的，具有足够的管理和技术上的保证手段，数据是准确可信的。

10.2　质量体系

证明数据质量可靠性的技术管理制度与活动可以千差万别，但是也有其共同点。为了实现质量保证和质量控制的目的，往往需要建立一套并保证有效运行的质量体系。它应覆盖环境检测活动所涉及的全部场所、所有环节，以使检测机构的质量管理工作程序化、文件化、制度化和规范化。

建立一个良好运行的质量体系，对于专业的向政府、企事业单位或者个人提供排污情况监测数据的社会化检测机构，按照《检验检测机构资质认定管理办法》（质检总局令第 163 号）、《检验检测机构资质认定评审准则》和《检验检测机构资质认定评审准则及释义》的要求建立并运行质量体系是必要的。若检测实验室仅为排污单位内部提供数据，质量管理活动的目的则是为本单位管理层、环境管理机构和公众提供证据，证明数据准确可信，质量手册不是必需的，但有利于检测实验室数据质量得到保证的一些程序性规定和记录是必要的（如实验室具体分析工作的实施流程、数据质量相关的管理流程等的详细规定，具体方法或设备使用的指导性详细说明，数据生产过程和监督数据生产需使用的各种记录表格等）。

建立质量体系不等于需要通过资质认定。质量体系的繁简程度与检测实验室的规模、业务范围、服务对象等密切相关，有时还需要根据业务委托方的要求修改完善质量体系。质量体系一般包括质量手册、程序文件、作业指导书和记录。有效的质量控制体系应满足"对检测工作进行全面规范，且保证全过程留痕"的基本要求。

10.2.1　质量手册

质量手册是检测实验室质量体系运行的纲领性文件，阐明检测实验室的质量目标，描述检测实验室全部检测质量活动的要素，规定检测质量活动相关人员的责任、权限和相互之间的关系，明确质量手册的使用、修改和控制的规定等。质量手册至少应包括批准页、自我声明、授权书、检测实验室概述、检测质量目标、组织机构、检测人员、设施和环境、仪器设备和标准物质，以及检测实验室为保证数据质量所做的一系列规定等。

（1）批准页：批准页的主要内容是说明编制质量体系的目的以及质量手册的内容，并由最高管理者批准实施。

（2）自我声明：检测实验室关于独立承担法律责任、遵守中华人民共和国计量法和监测技术标准规范等相关法律法规、客观出具数据等的承诺。

（3）授权书：检测实验室有多种情形需要授权，包括不仅限于：在最高管理者外出期间，授权给其他人员替其行使职权；最高管理者授权人员担任质量负责人、技术负责人等关键岗位；授权检测实验室的大型贵重仪器的人员使用等。

（4）检测实验室概述：简要介绍检测实验室的地理位置、人员构成、设备配置概况、隶属关系等基本信息。

（5）检测质量目标：检测质量目标即定量描述检测工作所达到的质量。

（6）组织结构：明确检测实验室与检测工作相关的外部管理机构的关系，与本单位中其他部门的关系，完成检测任务相关部门之间的工作关系等，通常以组织结构框图的方式表明。与检测任务相关的各部门的职责应予以明确和细化。例如，可规定检测质量管理部具有下列职责：

①牵头制订检测质量管理年度计划、监督实施，并编制质量管理年度总结；

②负责组织质量管理体系建设、运行管理，包括质量体系文件编制、宣贯、修订、内部审核、管理评审、质量督查、检测报告抽查、实验室和现场监督检查、质量保证和质量控制等工作；

③负责组织人员开展内部持证上岗考核相关工作;

④负责组织参加外部机构组织的能力验证、能力考核、比对抽测等各项考核工作;

⑤负责组织仪器设备检定/校准工作,包括编制检定/校准计划、组织实施和确认;

⑥负责标准物质管理工作,包括建立标准物质清册,管理标准物质样品库,标准样品的验收、入库、建档及期间核查等。

(7)检测人员:包括检测岗位划分和检测人员管理两部分。

检测岗位划分是指检测实验室将检测相关工作分为若干具体的检测工序,并明确各检测工序的职责。以检测实验室为例,岗位划分可描述为质量负责人、技术负责人、报告签发人、采样岗位、分析岗位、质量监督人、档案管理人等。可以由同一个人兼任不同的岗位,也可以专职从事某一个岗位。但报告编制、审核和签发应为 3 个不同的人员承担,不能由一个人兼任其中的两个及两个以上职责。

检测人员管理则规定从事采样、分析等检测相关工作的人员应接受的教育、培训,应掌握的技能,应履行的职责等。以分析岗位为例,人员管理可描述为以下几个方面:

①分析人员必须经过培训,熟练掌握与本人承担分析项目有关的标准监测方法或技术规范及有关法规,且具备对检验检测结果作出评价的判断能力,经内部考核合格后持证上岗。

②熟练掌握所用分析仪器设备的基本原理、技术性能,以及仪器校准、调试、维护和常见故障的排除技术。

③熟悉并遵守质量手册的规定,严格按监测标准、规范或作业指导书开展监测分析工作,熟悉记录的控制与管理程序,按时完成任务,保证监测数据准确可靠。

④认真做好样品分析前的各项准备工作,分析样品的交接工作以及样品分析工作,确保按业务通知单或监测方案要求完成样品分析。

⑤分析人员必须确保选用的分析方法现行有效,分析依据正确。

⑥负责所使用仪器设备日常维护、使用和期间核查,编制/修订其操作规程、

维护规程、期间核查规程和自校规程，并在计量检定/校准有效期内使用。负责做好使用、维护和期间核查记录。

⑦确保分析质控措施和质控结果符合有关监测标准或技术规范及相关规定的要求。

⑧当分析仪器设备、分析环境条件或被测样品不符合监测技术标准或技术规范要求时，监测分析人员有权暂停工作，并及时向上级报告。

⑨认真做好分析原始记录并签字，要求字迹清楚、内容完整、编号无误。

⑩分析人员需对分析数据的准确性和真实性负责。

⑪校对上级安排的其他检测人员的分析原始记录。

检测实验室建立人员配备情况一览表（表 10-1），有助于提高人员管理效率。

表 10-1　检测人员一览表（样表）

序号	姓名	性别	出生年月	文化程度	职务/职称	所学专业	从事本技术领域年限	所在岗位	持证项目情况	备注
1	张××	男	19××年××月	本科	工程师	分析化学	5	分析岗	水和废水：化学需氧量、氨氮	质量负责人
...										

（8）设施和环境：检测实验室的设施和环境条件指检测实验室配备必要的设施硬件，并建立制度保证监测工作环境适应监测工作需求。检测实验室的设施通常包括空调、除湿机、干湿度温度计、通风橱、纯水机、冷藏柜、超声波清洗仪、电子恒温恒湿箱、灭火器等检测辅助设备。至少应明确以下规定：

①防止交叉污染的规定。例如，规定监测区域应有明显标识；严格控制进入和使用影响检测质量的实验区域；对相互有影响的活动区域进行有效隔离，防止交叉污染。比较典型的交叉污染例子有：挥发酚项目的检测分析会对在同一实验室进行的氨氮检测分析造成交叉污染的影响；在分析总砷、总铅、总汞、总镉等项目时，如果不同的样品间浓度差异较大，规定高、低浓度的采样瓶和分析器皿

分别用专用酸槽浸泡洗涤，以免交叉污染。必要时，用优级纯酸稀释后浸泡超低浓度样品所用器皿等。

②对可能影响检测结果质量的环境条件，规定检测人员进行监控和记录，保证其符合相关技术要求。例如，万分之一以上精度的电子天平正常工作对环境温度、湿度有控制要求，检测实验室应有监控设施，并有记录表格、记录环境的条件。

③规定有效控制危害人员安全和人体健康的潜在因素。例如，配备通风橱、消防器材等必要的防护和处置措施。

④对化学品、固体废物、火、电、气和高空作业等安全相关因素作出规定等。

（9）仪器设备和标准物质：检测用仪器设备和标准物质是保障检测数据量值溯源的关键载体。检测实验室应配备满足检测方法规定的原理、技术性能要求的设备，应对仪器设备的购置、使用、标识、维护、停用、租借等管理作出明确规定，保证仪器设备得到合理配置、正确使用和妥善维护，提高检测数据的准确可靠性。例如，对于设备的配备可规定：

①根据检测项目和工作量的需要及相关技术规范的要求，合理配备采样、样品制备、样品测试、数据处理和维持环境条件所要求的所有仪器设备种类和数量，并对仪器技术性能进行科学的分析评价和确认。

②如果需要借用外单位的仪器设备，必须严格按本单位仪器设备的管理受到有效控制。建立仪器设备配备情况一览表，往往有助于提高设备管理效率，仪器设备配备情况参考样表，见表10-2。

表10-2　仪器设备配备情况一览表（样表）

序号	设备名称	设备型号	出厂编号	检定/校准方式	检定/校准周期	仪器摆放位置
1	电子天平	TE212 L	####	检定	一年	205 室
...						

此外，应根据检测项目开展情况配备标准物质，并做好标准物质管理。配备的标准物质应该是有证标准物质，保证标准物质在其证书规定的保存条件下贮存，

建立标准物质台账，记录标准物质名称、购买时间、购买数量、领用人、领用时间和领用量等信息。

（10）其他：为保证建立的质量管理体系覆盖检测的各个方面、环节、所有场所，且能持续有效地指导实施质量管理活动，还应对以下质量管理活动作出原则性的规定：

①质量体系在哪些情形下，由谁提出、谁批准同意修改等。

②如何正确使用管理质量体系各类管理和技术文件，即如何编制、审批、发放、修改、收回、标识、存档或销毁等处理各种文件。

③如何购买对监测质量有影响的服务（如委托有资质的机构检定仪器即为购买服务），以及如何购买、验收和存储设备、试剂、消耗材料。

④检测工作中出现的与相关规定不符合的事项，应如何采取措施。

⑤质量管理、实际样品检测等工作中相关记录的格式模板编制应如何编制，以及实际工作过程中如何填写、更改、收集、存档和处置记录。

⑥如何定期组织单位内部熟悉检测质量管理相关规定的人员，对相关规定的执行情况进行内部审核。

⑦管理层如何就内部审核或者日常检测工作中发现的相关问题，定期研究解决。

⑧检测工作中，如何选用、证实/确认检测方法。

⑨如何对现场检测、样品采集、运输、贮存、接收、流转、分析、监测报告编制与签发等检测工作全过程的各个环节都采取有效的质量控制措施，以保证监测工作质量。

⑩如何编制监测报告格式模板，实际检测工作中如何编写、校核、审核、修改和签发检测报告等。

10.2.2　程序文件

程序文件是规定质量活动方法和要求的文件，是质量手册的支持性文件，主要目的是对产生检测数据的各个环节、各个影响因素和各项工作全面规范。包括人员、设备、试剂、耗材、标准物质、检测方法、设施和环境、记录和数据录入发布等关键因素，明确详细地规定某一项与检测相关的工作，执行人员是谁、经过什么环节、留下哪些记录，以实现在高时效地完成工作的同时保证数据质量。

编写程序文件时，应明确每个程序的控制目的、适用范围、职责分配、活动过程规定和相关质量技术要求，从而使程序文件具有可操作性。例如，制定检测工作程序，对检测任务的下达、检测方案的制定、采样器皿和试剂的准备，样品采集和现场检测，实验室内样品分析，以及测试原始记录的填写等诸多环节，规定分别由谁来实施，以及实施过程中应该填写哪些记录，以保证工作有序开展。

档案管理也是一项涉及较多环节的工作，涉及档案产生后的暂存、收集、交接、保管和借阅查询使用等一系列环节，在各个细节又需要保证档案的完整性，制定一个档案管理程序就显得尤为重要了。这个程序可以规定档案产生人员如何暂存档案，暂存的时限是多长，档案收集由谁来负责，交给档案收集人员时应履行的手续，档案集中后由谁来负责建立编号，如何保存，借阅查阅时应履行的手续等。

例如，检测方案的制定，方案制定人员需要弄清楚的文件有：环评报告中的监测章节内容、生态环境部门作出的环评批复、执行的排放标准，许可证管理的相关要求，行业涉及的自行监测指南等。在明确管理要求后所制定的检测方案，宜请熟悉环境管理、环境监测、生产工艺和治理工艺的专业人员对方案进行审核把关，既有利于保证检测内容和频次等满足管理要求，又避免不必要的人力、物力浪费。

一般来说，检测实验室需制定的程序性规定应包括人员培训程序、检测工作程序、设备管理程序、标准物质管理程序、档案管理程序、质量管理程序、服务和供应品的采购和管理程序、内务和安全管理程序、记录控制与管理程序等。

10.2.3 作业指导书

作业指导书是指特定岗位工作或活动应达到的要求和遵循的方法。对于下列情形往往需要检测机构制定作业指导书：

（1）标准检测方法中规定可采取等效措施，而检测机构又的确采取了等效措施。

（2）使用非母语的检测方法。

（3）操作步骤复杂的设备。

作业指导书应写得尽可能具体，且语言简洁不令人产生歧义，以保证各项操作的可重复性。

10.2.4　记录

记录包括质量记录和技术记录。质量记录是质量体系活动产生的记录，如内审记录、质量监督记录等；技术记录是各项监测工作所产生的记录，如《pH 值分析原始记录表》《废水流量监测记录（流速仪法）》。记录是保证从检测方案的制定开始，到样品采集、样品运输和保存、样品分析、数据计算、报告编制、数据发布的各个环节留下关键信息的凭证，证明数据生产过程满足技术标准和规范要求的基础。检测实验室的记录既要简洁易懂，也要信息量足够让检测工作重现。这就要求认真学习国家的法律法规等管理规定和技术标准规范，把握必须记录备查的关键信息，在设计记录表格样式时予以考虑。例如，对于样品采集，除采样时间、地点、人员等基础信息外，还应包括检测项目、样品表观（定性描述颜色、悬浮物含量）、样品气味、保存剂的添加情况等信息。对于具体的某一项污染物的分析，需记录分析方法名称及代码、分析时间、分析仪器的名称型号、标准/校准曲线的信息、取样量、样品前处理情况、样品测试的信号值、计算公式、计算结果以及质控样品分析的结果等。

10.3　自行监测质控要点

自行监测的质量控制，既要考虑人员、设备、监测方法、试剂耗材等关键因素，也要重视环境设施等影响因素。每项检测任务应有足够证据表明其数据质量可信，在制定该项检测任务实施方案的同时，制定一个质控方案，或者在实施方案中有质量控制的专门章节，明确该项工作应针对性地采取哪些措施来保证数据质量。自行监测工作中，监测方案应包括自行监测点位，项目和频次，采样、制样和分析应执行哪些技术规范等信息的监测方案在许可证发放时应经过生态环境部门审查。在日常监测工作中，需要落实负责现场监测和采样、制样和分析样品、报告编制工作的具体人员，以及应采取的质控措施。应采取的质控措施可以是一个专门的方案，规定承担采样、制样和分析样品的人员应该具备的技能（如经过适当的培训后持有上岗证），各环节的执行人员应该落实哪些措施来自证所开展工作的质量，质量控制人员如何查证各环节执行人员工作的有效性等。一般来说，质控方案就是保证数据质量所需要满足的人员、设备、监测方法、试剂耗材和环境设施等的共性要求。

10.3.1 人员

人员技能水平是自行监测质量的决定性因素，因此，检测机构制定的规章制度性文件中，要明确规定不同岗位人员应具有的技术能力。例如，应该具有的教育背景、工作经历，胜任该工作应接受的再教育培训，并以考核方式确认是否具有胜任岗位的技能。对于人员适岗的再教育培训，如行业相关的政策法规、标准方法、操作技能等，由检测机构内部组织或者参加外部培训均可。适岗技能考核确认的方式也是多样化的，如笔试或者提问、操作演示、实样测试、盲样考核等。无论采用哪种培训、考核方式，均应有记录来证实工作过程。例如，内部培训，应至少有培训教材、培训签到表，外部培训有会议通知、培训考核结果证明材料等。需注意，对于口头提问和操作演示等考核方式也应有记录，例如口头提问，记录信息至少包括考核者姓名、提问内容、被考核者姓名、回答要点，以及对于考核结果的评价；操作演示的考核记录至少包括考核者姓名、要求考核演示的内容、被考核者姓名、演示情况的概述以及评价结论。在具体执行过程中，切忌人员技能培训走过场，杜绝出现徒有各种培训考核记录但人员技能依然不高的窘境。例如，某厂自行监测厂界噪声的原始记录中，背景值仅为 30 dB（A），暴露出监测人员对仪器性能和环境噪声缺乏基本的认知。

10.3.2　仪器设备

　　监测设备是决定数据质量的另一关键因素。2015 年 1 月 1 日起开始施行的《中华人民共和国环境保护法》第二章第十七条明确规定：监测机构应当使用符合国家标准的监测设备，遵守监测规范。所谓符合国家标准，首先，应根据排放标准规定的监测方法选用监测设备，也就是仪器的测定原理、检测范围、测定精密度、准确度以及稳定性等满足方法的要求；其次，设备应根据国家计量的相关要求和仪器性能情况确定检定/校准，列入《中华人民共和国强制检定的工作计量器具目录》或有检定规程的仪器应送有资质的单位进行检定，如烟尘监测仪、天平、砝码、烟气采样器、大气采样器、pH 计、分光光度计、声级计、压力表等。属于非强制检定的仪器与设备可以送有资质的计量检定机构进行校准，无法送去检定或者送去校准的仪器设备，应由仪器使用单位自行溯源，即自己制定校准规范，对部分计量性能或参数进行检测，以确认仪器性能准确可靠。

　　对于投入使用的仪器，要确保其得到规范使用。应明确规定如何使用、维护、维修和性能确认仪器设备。例如，编写仪器设备操作规程（指仪器操作说明书）和维护规程（指仪器维护说明书），以保证使用人员能够正确使用和维护仪器。与采样和监测结果的准确性和有效性相关的仪器设备，在投入使用前，必须进行量值溯源，即用前述的检定、校准或者自校手段确认仪器性能。对于送到有资质的检定或者校准单位的仪器，收到设备的检定或者校准证书后，应查看检定/校准单位实施的检定/校准内容是否符合实际的检测工作要求。例如，配备有多个传感器的仪器，检测工作需要使用的传感器是否都得到了检定；对于有多个量程的仪器，其检定或者校准范围是否满足日常工作需求。对于仪器的检定/校准或者自校，并不是一劳永逸的，应根据国家的检定/校准规程或者使用说明书要求，周期性地定期实施检定/校准或者自校，保持仪器在检定/校准或者自校有效期内使用，且每次监测前，都要使用分析标准溶液、标准气体等方式确认仪器量值，在证实其量值持续符合相应技术要求后使用。例如，定电位电解法规定烟气中二氧化硫、氮氧化物，每次测量前必须用标气进行校准，示值误差≤±5%方可使用。此外，应规定仪器设备的唯一性标识、状态标识，避免误用。仪器设备的唯一性标识既可以是仪器的出厂编码，也可以是检测单位自行制定的规则编写的代码。

仪器的相关记录应妥善保存。建议给检测仪器建立"一仪一档"。档案的目录包括仪器说明书、仪器验收技术报告、仪器的检定/校准证书或者自校原始记录和报告、仪器的使用日志、维护记录、维修记录等，建议这些档案一年归一次档，以免遗失。应特别注意及时、如实填写仪器使用日志，切忌事后补记，否则不实的仪器使用记录会影响数据是否真实的判断。比较常见的明显与事实不符的记录有：同一台现场检测仪器在同一时间，出现在相距几百千米的两个不同检测任务中；仪器使用日志中记录的分析样品量远大于该仪器最大日分析能力等，这种记录会让检查人员对数据的真实性打上大大的问号。应该有制度规范在必须修改原始记录时如何修改，避免原始记录被误改。

10.3.3　记录

规范使用监测方法，优先使用被检测对象适用的污染物排放标准中规定的监测方法。若有新发布的标准方法替代排放标准中指定的监测方法，应采用新标准。若新发布的监测方法与排放标准指定的方法不同，但适用范围相同的，也可使用。例如，《固定污染源废气　氮氧化物的测定　非分散红外吸收法 》（HJ 692—2014）、《固定污染源废气　氮氧化物的测定　定电位电解法》（HJ 693—2014）、《固定污染源废气　氮氧化物的测定　便携式紫外吸收法》（HJ 1132—2020）、《固定污染源废气　气态污染物（SO_2、NO、NO_2、CO、CO_2）的测定　便携式傅里叶变换红外光谱法》（HJ 1240—2021）的适用范围明确为"固定污染源废气"，因此四项方法均适用于火电厂废气中氮氧化物的监测。

正确使用监测方法。污染源排放情况监测所使用的方法包括国家标准方法和国务院行业部门以文件、技术规范等形式发布的标准方法，特殊情况下也会用等效分析方法。为此，检测机构或者实验室往往需要根据方法的来源确定应实施方法证实还是方法确认，其中方法证实适用于国家标准方法和国务院行业部门以文件、技术规范等形式发布的方法，方法确认适用于等效分析方法。为确保正确使用监测方法，仅检测机构实施方法证实是不够的，还需要检测机构要求使用该监测方法的每位人员，使用该方法获得的检出限、空白、回收率、精密度、准确度等各项指标均满足方法性能的要求，方可认为检测人员掌握了该方法，才算为正确使用监测方法奠定了基础。当然，并非每次检测工作中均需对方法进行证实。一般认为，初次使用标准方法前，应证实能够正确运用标准方法；标准方法发生了变化，应重新予以证实。

一般而言，方法证实至少应包括以下六个方面的内容：

（1）人员：人员的技能是否得到更新；是否能够适应方法的工作要求；人员数量是否满足工作要求。

（2）设备：设备性能是否满足方法要求；是否需要添置前处理设备等辅助设备；设备数量是否满足要求。

（3）试剂耗材：方法对试剂种类、纯度等的要求如何；数量是否满足；是否建立了购买使用台账。

（4）环境设施条件：方法及其所用设备是否对温度、湿度有控制要求；环境条件是否得到监控。

（5）方法技术指标：使用日常工作所用的标准和试剂做方法的技术指标，如校准曲线、检出限、空白、回收率、精密度、准确度等，是否均达到了方法要求。

（6）技术记录：日常检测工作须填写的原始记录格式是否包含了足够的关键信息。

10.3.4　试剂耗材

规范使用标准物质，包括以下注意事项：

（1）应优先考虑使用国家批准的有证标准样品，以保证量值的准确性、可比性与溯源性。

（2）选用的标准样品与预期检测分析的样品，尽可能在基体、形态、浓度水平等性状方面接近。其中，基体匹配是需要重点考虑的因素，因为只有使用与被测样品基体相匹配的标准样品，在解释实验结果时才很少或没有困难。

（3）应特别注意标准样品证书中所规定的取样量与取样方法。证书中规定的固体最小取样量、液体稀释办法等是测量结果准确性和可信度的重要影响因素，应严格遵守。

（4）应妥善贮存标准样品，并建立标准样品使用情况记录台账。有些标准样品有特殊的储存条件要求，应根据标准样品证书规定的储存条件保存标准样品，并在标准样品的有效期内使用，否则可能会影响标准样品量值的准确性。

严格按照方法要求购买和使用试剂/耗材。每种方法都规定了试剂的纯度，需要注意的是，市售的与方法要求的纯度一致的试剂，不一定能满足方法的使用要求，对数据结果有影响的试剂、新购品牌或者产品批次不一致时，在正式用于样品分析前应进行空白样品实验，以验证试剂质量是否满足工作需求。对于试剂纯度不满足方法需求的情形，应购买更高纯度的试剂或者由分析人员自行净化。比较典型的案例是分析水中苯系物的二硫化碳，市售分析纯二硫化碳往往需要实验室自行重蒸，或者购买优级纯的才能满足方法对空白样品的要求。与此类似的还有分析重金属的盐酸硝酸等，采用分析纯的酸往往会导致较高的空白和背景值，建议筛选品质可靠的优级纯酸。

牢记试剂/耗材有使用寿命。对于试剂，尤其是已经配制好的试剂，应注意遵守检测方法中对试剂有效期的规定。若没有特殊规定，建议参考执行《化学试剂　标准滴定溶液的制备》（GB/T 601—2016）中关于标准滴定溶液有效期的规定，即常温（15～25℃）下保存时间不超过 2 个月。特别应注意表观不被磨损类耗材的质保期，如定电位电解法的传感器、pH 计的电极等，这些仪器的说明书中明确规定了传感器或者电极的使用次数或者最长使用寿命，应严格遵守，以保证量值的准确性。

10.3.5　数据处理

数据的计算和报出也可能发生失误，应高度重视。以火电厂排放标准为例，排放标准根据热能转化设施类型的不同，规定了不同的基准氧含量，实测的火电厂烟尘、二氧化硫、氮氧化物和汞及其化合物排放浓度，需折算为基准含氧量下的排放浓度，若忽略了此要求，将现场测试所得结果直接报出，必然导致较大偏差。对于废水检测，需留意在发生样品稀释后检测时，稀释倍数是否纳入了计算。已经完成的测定结果，还应注意计量单位是否正确，最好由熟悉该项目的工作人员校核，各项目结果汇总后，由专人进行数据审核后发出。录入电脑或者信息平台时，注意检查是否有小数点输入的错误。

完备的质量控制体系运行离不开有效的质量监督。检测机构或者实验室应设置覆盖其检测能力范围的监督员，这些监督员可以是专职的，也可以是兼职的。但是无论是哪种情形，监督员应该熟悉检测程序、方法，并能够评价检测结果，发现可能的异常情况。为了使质量监督达到预期效果，最好在年初就制订监督计划，明确监督人、被监督对象、被监督的内容、被监督的频次等。通常情况下，新进上岗人员、使用新分析方法或者新设备，以及生产治理工艺发生变化的初期等实施的污染排放情况检测应受到有效监督。监督的情况应以记录的形式予以妥善保存。此外，检测机构或者实验室应定期总结监督情况，编写监督报告，以保证质量体系中的各标准、规范和质量措施等切实得到落头。

第 11 章　信息记录与报告

　　监测信息记录和报告是相关法律法规的要求，也是排污许可制度实施的重要内容，是排污单位必须开展的工作。信息记录和报告的目的是将排污单位与监测相关的内容记录下来，供管理部门和排污单位使用，同时定期按要求进行信息报告，以说明环境守法状况，同时为社会公众监督提供依据。本章围绕水泥行业应开展的信息记录和报告的内容进行说明，为水泥行业排污单位提供参考。

11.1　信息记录的目的与意义

　　说清污染物排放状况，自证是否正常运行污染治理设施、是否依法排污是法律赋予排污单位的权利和义务。自证守法，首先要有可以作为证据的相关资料，信息记录就是要将所有可以作为证据的信息保留下来，在需要的时候有据可查。具体来说，信息记录的目的和意义体现在以下几个方面。

　　首先，便于监测结果溯源。监测的环节很多，任何一个环节出现问题，都可能造成监测结果的错误。通过信息记录，将监测过程中重要环节的原始信息记录下来，一旦发现监测结果存在可疑之处，就可以通过查阅相关记录，检查哪个环节出现了问题。对于影响监测结果的问题，可以通过追溯监测过程进行校正，从而获得正确的结果。

　　其次，便于规范监测过程。认真记录各个监测环节的信息，便于规范监测活动，避免由于疏忽而遗忘个别程序，从而影响监测结果。通过对记录信息的分析，也可以发现影响监测过程的一些关键因素，这也有利于监测过程的改进。

再次，可以实现信息间的相互校验。记录各种过程信息，可以更好地反映排污单位的生产、污染治理、排放状况，便于建立监测信息与生产、污染治理等相关信息的逻辑关系，从而为实现信息间的互相校验、加强数据间的质量控制提供基础。通过记录各类信息，可以形成排污单位生产、污染治理、排放等全链条的证据链，避免因单方面的信息不足而难以说明排污状况。

最后，丰富基础信息，利于科学研究。排污单位生产、污染治理、排放过程中一系列过程信息，对研究排污单位污染治理和排放特征具有重要意义。监测信息记录，极大地丰富了污染源排放和治理的基础信息，这为开展科学研究提供了大量基础信息。基于这些基础信息，利用大数据分析方法，可以更好地探索污染排放和治理的规律，为科学制定相关技术要求奠定良好基础。

11.2　信息记录的要求和内容

11.2.1　信息台账记录要求

信息台账记录是一项具体而琐碎的工作，做好信息记录对于排污单位和管理部门都很重要。一般来说，信息记录应该符合以下要求。

首先，信息记录的目的在于真实反映排污单位生产、污染治理、排放、监测的实际情况，因此信息记录不需要专门针对需要记录的内容进行额外整理，只要保证所要求的记录内容便于查阅即可。为了便于查阅，排污单位应尽可能根据一般逻辑习惯整理成为台账保存。保存方式可以为电子台账，也可以为纸质台账，以便于查阅为原则。

其次，信息记录的内容不限于标准规范中要求的内容，其他排污单位认为有利于说清本单位排污状况的相关信息，也可以予以记录。考虑到排污单位污染排放的复杂性，影响排放的因素较多，而排污单位最了解哪些因素会影响排污状况，因此，排污单位应根据本单位的实际情况，梳理本单位应记录的具体信息，丰富台账资料的内容，从而更好地建立生产、治理、排放的逻辑关系。

11.2.2　信息记录内容

11.2.2.1　手工监测的记录

采用手工监测的指标，至少应记录以下四方面的内容：

（1）采样相关记录，包括采样日期、采样时间、采样点位、混合取样的样品数量、采样器名称、采样人姓名等。

（2）样品保存和交接相关记录，包括样品保存方式、样品传输交接记录。

（3）样品分析相关记录，包括分析日期、样品处理方式、分析方法、质控措施、分析结果、分析人姓名等。

（4）质控相关记录，包括质控结果报告单等。

11.2.2.2　自动监测运维记录

自动监测的正确运行需要定期进行校准、校验和日常运行维护，校准、校验结果及日常运行维护开展情况直接决定了自动监测设备是否能够稳定正常运行，而通过检查运维公司对自动监测设备的运行维护记录，可以对自动监测设备日常运行状态进行初步判断。因此，排污单位或者负责运行维护的公司要如实记录对自动监测设备的运行维护情况，具体包括自动监测系统运行状况、系统辅助设备运行状况、系统校准、校验工作等，仪器说明书及相关标准规范中规定的其他检查项目，校准、维护保养、维修记录等。

11.2.2.3　生产和污染治理设施运行状况

首先，污染物排放状况与排污单位生产和污染治理设施运行状况密切相关，记录生产和污染治理设施运行状况，有利于更好地说清污染物排放状况。

其次，考虑到受监测能力的限制，无法做到全面连续监测，记录生产和污染治理设施运行状况可以辅助说明未监测时段的排放状况，同时可以对监测数据是否具有代表性进行判断。

最后，由于监测结果可能受到仪器设备、监测方法等各种因素的影响，从而造成监测结果的不确定性，记录生产和污染治理设施运行状况，通过不同时段监测信息和其他信息的对比分析，可以对监测结果的准确性进行总体判断。

对于生产和污染治理设施运行状况，主要记录内容包括监测期间排污单位各主要生产设施（至少涵盖废气主要污染源相关生产设施）运行状况（包括停机、启动情况）、产品产量、主要原辅料使用量、取水量、主要燃料消耗量、燃料主要成分、污染治理设施主要运行状态参数、污染治理主要药剂消耗情况等。日常生产中上述信息也需整理成台账保存备查。

11.2.2.4　工业固体废物（危险废物）产生与处理状况

工业固体废物作为重要的环境管理要素，排污单位应对一般工业固体废物和危险废物的产生、处理情况进行记录，同时一般工业固体废物和危险废物信息也可以作为废水、废气污染物产生排放的辅助信息。关于一般工业固体废物和危险废物的记录内容包括各类一般工业固体废物和危险废物的产生量、综合利用量、处置量、贮存量，危险废物还应详细记录其具体去向。

11.3　生产和污染治理设施运行状况

应详细记录排污单位以下生产及污染治理设施运行状况，日常生产中也应参照以下内容记录相关信息，并整理成台账保存备查。

11.3.1　生产运行状况记录

根据厂区内生产布置和生产运行实际情况，记录厂内每条生产线的原辅材料使用量和产量情况。若厂内不同生产线原辅材料交叉使用，且无法估算各生产线的原辅材料使用量或产量，也可以结合起来进行记录，但要进行说明。

取水量（新鲜水）指调查年度从各种水源提取的并用于工业生产活动的水量总和，包括城市自来水用量、自备水（地表水、地下水和其他水）用量、水利工程供水量，以及排污单位从市场购得的其他水（如其他回用水量）。工业生产活动用水主要包括工业生产用水、辅助生产（包括机修、运输、空压站等）用水。厂区附属生活用水（厂内绿化、职工食堂、浴室等的用水量）如果单独计量且生活污水不与工业废水混排的水量不计入取水量。

主要原辅材料（石灰石、黏土、石膏等）使用量，根据本厂实际从外购买的原辅材料进行整理记录，重点记录与污染物产生相关的原辅材料使用情况，以及熟料、成品水泥等产品产量。

11.3.2　污水处理运行状况记录

为了佐证废水监测数据情况，按日记录废水处理量、废水回用量、废水排放量、综合污泥产生量（记录含水率）、含铬污泥产生量（记录含水率）、废水处理使用的药剂名称及用量、鼓风机电量等；记录污水处理设施运行、故障及维护情况。

11.4　工业固体废物产生和处理情况

记录一般工业固体废物和危险废物的产生量、综合利用量、处置量、贮存量，危险废物还应详细记录其具体去向，原料或辅助工序中产生其他危险废物的情况也应记录，危险废物应严格执行危险废物相关管理要求。

对于委托外单位处置利用一般工业固体废物或者危险废物的，以及接收外单位一般工业固体废物或者危险废物的，应详细记录这些情况。对于自行综合利用、自行处置一般工业固体废物和危险废物的，还应当对本单位所拥有的处置场、焚烧装置等综合利用和处置设施及运行情况进行记录。

11.5　信息报告及信息公开

11.5.1　信息报告要求

为了排污单位更好地掌握本单位实际排污状况，也便于更好地对公众说明本单位的排污状况和监测情况，排污单位应编写自行监测年度报告，年度报告至少应包含以下内容：

（1）监测方案的调整变化情况及变更原因。

（2）各主要生产设施（至少涵盖废气主要污染源相关生产设施）全年运行天数，各监测点、各监测指标全年监测次数、超标情况、浓度分布情况。

（3）按要求开展的周边环境质量影响状况监测结果。

（4）自行监测开展的其他情况说明。

（5）排污单位实现达标排放所采取的主要措施。

自行监测年报不限于以上信息，任何有利于说明本单位自行监测情况和排放状况的信息，都可以写入自行监测年报。另外，对于领取了排污许可证的排污单位，按照排污许可证管理要求，每年应提交年度执行报告，其中自行监测情况属于年度执行报告中的重要组成部分，排污单位可以将自行监测年报作为年度执行报告的一部分一并提交。

11.5.2　应急报告要求

由于排污单位非正常排放会对环境或者污水处理设施产生影响，因此，对于监测结果出现超标的，排污单位应加密监测，并检查超标原因。短期内无法实现稳定达标排放的，应向生态环境主管部门提交事故分析报告，说明事故发生的原因，采取减轻或防止污染的措施，以及今后的预防及改进措施等；若因发生事故或者其他突发事件，排放的污水可能危及城镇排水与污水处理设施安全运行的，应当立即采取措施消除危害，并及时向城镇排水主管部门和生态环境主管部门等有关部门报告。

11.5.3　信息公开要求

排污单位应根据排污许可证、《企业环境信息依法披露管理办法》（生态环境部令　第24号）及《国家重点监控企业自行监测及信息公开办法（试行）》（环发〔2013〕81号）进行信息公开，但不限于此，排污单位还可以采取其他便于公众获取的方式进行信息公开。

信息公开应重点考虑两类群体的信息需求。一是排污单位周围居民的信息需求，周边居民是污染排放的直接影响者，最关心污染物排放状况对自身及环境的影响，因此对污染物排放状况及周边环境质量状况有强烈的需求。二是排污单位同类行业或者其他相关者的信息需求，同一行业不同排污单位之间存在一定的竞争关系，希望在污染治理上得到相对公平的待遇，因此会格外关心同行的排放状况，对同行业其他排污单位的排放状况信息有同行监督需求。

为了照顾这两类群体的信息需求，信息公开的方式应该便于这两大类群体获取。排污单位可以通过在厂区外或当地媒体上发布监测信息，使周边居民及时了解排污单位的排放状况，这类信息公开相对灵活，以便于周边居民获取信息。而为了实现同行监督和一些公益组织的监督，也为了便于政府监督，有组织的信息公开方式更有效率。目前，各级生态环境主管部门都在建设不同类型的信息公开平台，排污单位也应该根据相关要求在信息平台上发布信息，以便各类群体间相互监督。

第 12 章　自行监测手工数据报送

为了方便排污单位信息报送和管理部门收集相关信息，受生态环境部生态环境监测司委托，中国环境监测总站组织开发了"全国污染源监测数据管理与共享系统"。为落实《排污许可管理条例》第二十三条信息公开有关规定，全国污染源监测数据管理与共享系统和全国排污许可证管理信息平台实现了互联互通，排污单位登录全国排污许可证管理信息平台，通过"监测记录"模块跳转至全国污染源监测数据管理与共享系统填报自行监测手工数据结果。自行监测手工数据填报完成后，在全国排污许可证管理信息平台查看自行监测手工数据信息公开内容。

12.1　自行监测手工数据报送系统总体架构设计

根据《关于印发 2015 年中央本级环境监测能力建设项目建设方案的通知》（环办函〔2015〕1596 号），中国环境监测总站负责建设"全国污染源监测数据管理与信息共享系统"，面向企业用户、环保用户、委托机构用户、系统管理用户 4 类用户，针对各自不同的业务需求，系统提供数据采集、监测业务管理、数据查询处理与分析、决策支持、数据采集移动终端版、自行监测知识库、排放标准管理、个人工作台、统一应用支撑、数据交换等功能。

另外，面向其他污染源监测信息采集系统（包括部级建设的固定污染源系统、全国排污许可证管理信息平台、各省重点污染源监测系统）使用数据交换平台进行数据交换，减少重复填报。

系统总体架构如图 12-1 所示。

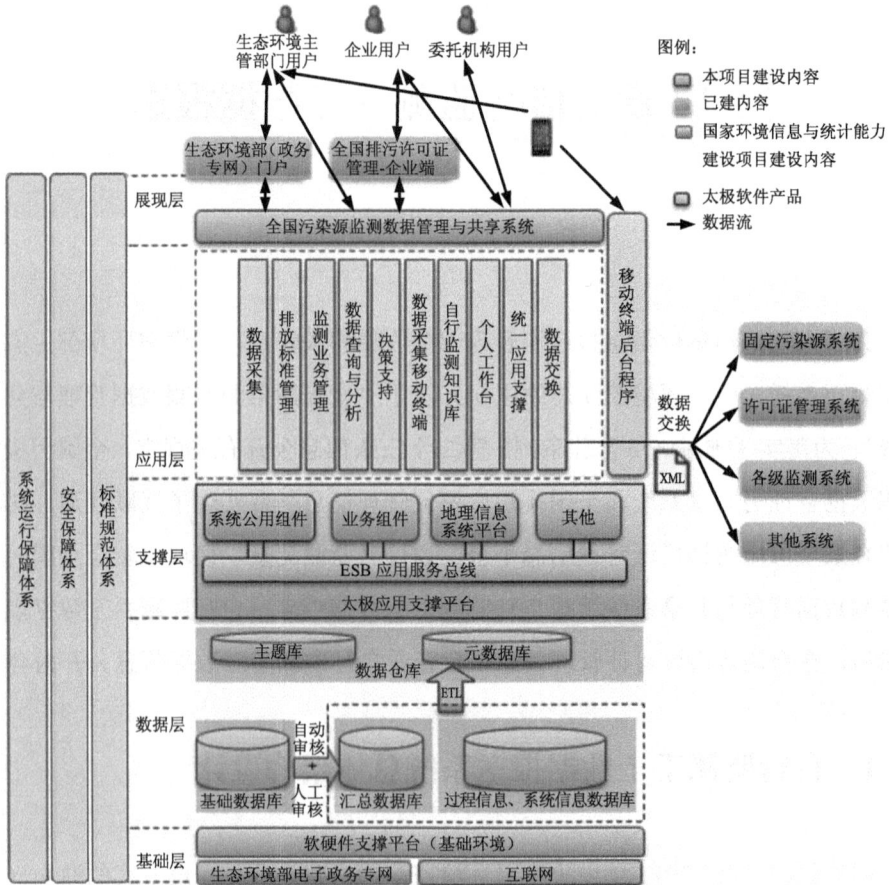

图 12-1　系统总体架构

系统总体架构采用 SOA 面向服务的五层三体系的标准成熟电子政务框架设计，以总线为基础，依托公共组件、通用业务组件和开发工具实现应用系统快速开发和系统集成。系统由基础层、数据层、支撑层、应用层、展现层五层及贯穿项目始终保障项目顺利实施和稳定、安全运行的系统运行保障体系、安全保障体系及标准规范体系构成。

基础层：在利用监测总站现有的软硬件及网络环境的基础上配置相应的系统运行所需软硬件设备及安全保障设备。

数据层：建设项目的基础数据库、元数据库，并在此基础上建设主题数据库、空间数据库提供数据挖掘和决策支持。数据库依据原环境保护部相关标准及能力建设项目的数据中心相关标准建设。

支撑层：在应用支撑平台总线及相关公共组件的基础上，建设本系统的组件，为系统提供足够的灵活性和扩展性，为应用集成提供灵活的框架，也为将来业务变化引起的系统变化提供快速调整的支撑。

应用层：通过 ESB、数据交换实现与包括部级建设的固定污染源系统、全国排污许可证管理信息平台、各省（区、市）污染源监测系统在内的其他系统对接。

展现层：面向生态环境主管部门用户、用户及委托机构用户提供互联网访问服务。

标准规范体系：制定全国污染源监测数据管理与共享系统数据交换标准规范，确保各应用系统按照统一的数据标准进行数据交换。

为保证系统安全稳定运行，同步配套设计和建设了安全保障体系和系统运行保障体系。

12.2　自行监测手工数据报送系统应用层设计

全国污染源监测数据管理与信息共享系统提供的业务应用包括数据采集、监测业务管理、数据查询处理与分析、决策支持、数据采集移动终端版、自行监测知识库、排放标准管理、个人工作台、统一应用支撑及数据交换 10 个子系统。系统功能架构见图 12-2。

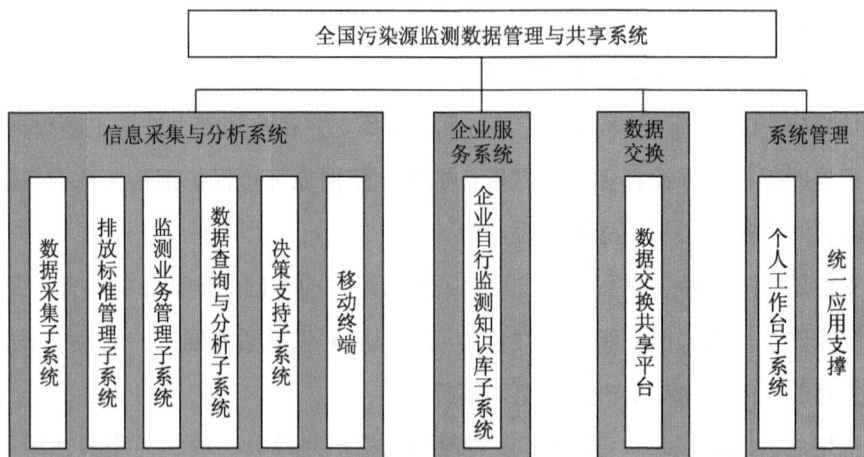

图 12-2　系统功能架构

（1）数据采集：主要对自行监测手工数据和管理部门开展的执法监测数据进行采集。面向全国已核发排污许可证的采集监测数据，提供信息填报、审核、查询、发布功能，并形成关联以持续监督。

系统能够满足各级生态环境主管部门录入执法监测数据、质控抽测数据、监督检查信息与结果、监测站标准化建设情况、环境执法与监管情况等。企业的基础信息由全国排污许可证管理信息平台直接获取，在系统中不可更改。企业自行监测方案由全国排污许可证管理信息平台直接获取，生态环境主管部门不再进行审核，企业自主确定自行监测方案执行时间。自行监测方案中除许可不包括要素外，其余要素在系统中不可更改。由于不同来源数据的采集频次和采集方式不同，系统能够提供不同的数据接入方式。

（2）监测业务管理：根据管理要求，汇总监测体系建设运行总体情况，生成表格。实现按时间、空间、行业、污染源类型等统计应开展监测的企业数量、不具备监测条件的企业数量及原因、实际开展监测的企业数量以及监测点位数量、监测指标数量等各指标的具体情况。

（3）数据查询处理与分析：查询条件可以保存为查询方案，查询时可调用查询方案进行查询。

（4）决策支持：系统除采用基本的数据分析方法外，可支持 OLAP 等分析技术，对数据中心数据的快速分析访问，向用户显示重要的数据分类、数据集合、数据更新的通知以及用户自己的数据订阅等信息。

提供环保搜索功能，用户可按权限快速查询各类环境信息，也可以直接从系统进行汇总、平均或读取数据，实现多维数据结构的灵活表现。

（5）数据采集移动终端版：数据采集移动端可帮助环保用户随时随地了解企业情况并上报检查信息，提高污染源数据采集信息的及时性和准确性。

（6）自行监测知识库：企业自行监测知识库系统对排污单位提供自行监测相关的法律法规、政策文件、排放标准、监测技术规范和方法、自行监测方案范例、相关处罚案例等查询服务，帮助和指导企业做好自行监测工作。

（7）排放标准管理：提供排放标准的维护管理和达标评价功能。管理用户可以对标准进行增、删、改、查操作，以保持标准为最新版本。提供接口，数据录入编辑和数据进行发布时均可调用该接口判定该数据是否超标，超标的给予提示，并按超标比例的不同给出不同颜色提醒。

（8）个人工作台：包括信息提醒（邮件和短信）、通知管理、数据报送情况查询、数据校验规则设置与管理等。为不同用户提供针对性强的用户体验，方便用户使用。

（9）统一应用支撑：实现系统维护相关功能，系统维护人员和数据管理人员基于这些功能对数据采集和服务进行管理，综合信息管理主要包括系统管理、个人工作管理、数据管理等方面的功能。

（10）数据交换：建立数据交换共享平台，实现系统中各子系统间的内部数据交换，以及实现与外部系统的数据交换。

内部交换包括采集子系统与查询分析子系统，各子系统与信息发布子系统之间进行数据交换。

外部交换主要是与其他信息系统的数据对接，将依据能力建设项目的相关标准制定监测数据标准、交换的工作流程标准、安全标准及交换运行保障标准等标准，制定统一的数据接口供各地现行污染源监测信息管理与数据共享。各相关系统按数据标准生成数据 XML 文件通过接口传递到本系统解析入库，以实现与本系统的互联互通，减少企业重复录入，提高数据质量。

12.3 自行监测手工数据报送方式和内容

12.3.1 报送方式

排污单位自行监测手工数据报送方式为登录全国排污许可证管理信息平台，通过"监测记录"模块跳转至全国污染源监测数据管理与共享系统填报自行监测手工数据结果。自行监测手工数据填报完成后，在全国排污许可证管理信息平台查看自行监测手工数据信息公开内容。自行监测手工数据报送流程如图 12-3 所示。

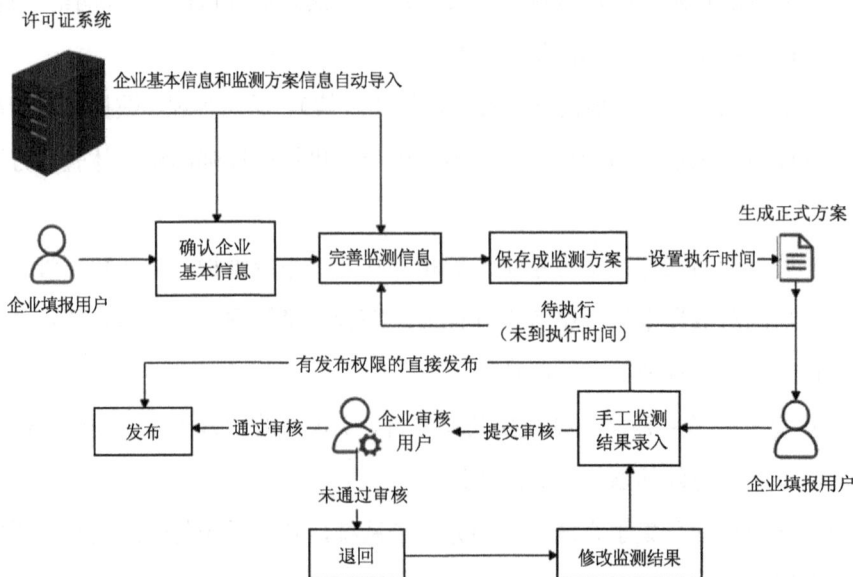

图 12-3 排污单位自行监测手工数据报送流程

12.3.2 具体流程

相关基础信息由全国排污许可证管理信息平台直接获取，在系统中不可更改。由全国排污许可证管理信息平台直接获取的自行监测方案相关要素（废气、废水、无组织）在系统中不可更改，可补充完善自行监测方案中的其他要素（周边环境、厂界噪声）。自行监测方案补充完善后，生态环境主管部门不再进行审核，企业自主确定自行监测方案执行时间。

自行监测数据的填报流程。自行监测方案到企业自主设定的执行时间后，企业按监测方案开展监测并按要求填报自行监测手工数据结果，手工监测数据需经过企业内部审核，审核通过的进行发布，不通过的退回企业填报用户修改。具有审核权限的填报用户也可以直接发布。

12.3.3 具体内容

（1）企业基本信息：企业名称、社会信用代码、组织机构代码（与统一社会信用代码二选一）、行业类别、企业注册地址、企业生产地址、企业地理位置、流域信息、环保联系人及其联系方式、法人代表人及其联系方式、技术负责人等由全国排污许可证管理信息平台直接获取，在系统中不可修改。如发现上述信息错误，应通过全国排污许可证管理信息平台进行修改完善。

（2）监测方案信息：废气监测、废水监测、无组织监测等排污许可证中明确了自行监测相关要求的各项内容来源于全国排污许可证管理信息平台，在系统中不可更改。如发现上述信息错误，应通过全国排污许可证管理信息平台进行修改完善。许可证中未载明的周边环境监测和厂界噪声监测相关内容可在系统中进行补充完善。

（3）监测数据：各监测点位开展监测的各项污染物的排放浓度、相关参数信息、未监测原因等。

12.4 自行监测信息完善

12.4.1 监测方案信息完善

排污单位自行监测方案信息（废气、废水、无组织监测）自动从全国排污许可证管理信息平台导入本系统中，排污许可证未载明的周边环境和厂界噪声自行监测要求，企业可在本系统补充完善。

企业用户在系统主界面进入"数据采集"→"企业信息填报"→"监测方案信息"。在【选择方案版本】中选择"版本号名称"即可查看相应版本号的监测信息。如果想修改监测信息，点击右侧【加载该版本】即可，然后在【选择方案版本】处选择【当前编辑】。修改的过程可参照下面介绍的录入过程。录入新的监测信息，应在【选择方案版本】处选择【当前编辑】，然后点击右侧的【编辑】按钮进行编辑，如图 12-4 所示。

图 12-4　企业监测方案信息加载界面

在监测方案信息当前编辑中，会有从全国排污许可证管理信息平台同步过来的监测方案信息，包含相关排放设备、监测点、监测项目、排放标准、限值、监测频次等信息，如图 12-5 所示。

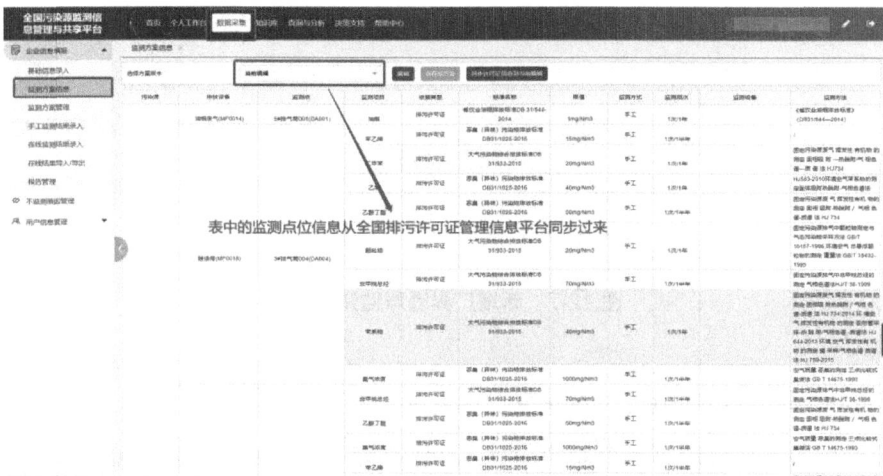

图 12-5　许可证系统导入企业的监测方案信息界面

12.4.1.1　周边环境和厂界噪声监测信息录入

（1）添加周边环境和厂界噪声监测点

在编辑页面下，点击周边环境和厂界噪声监测点右上方的【增加监测点】，弹出监测点新增页面。输入【排序序号】【监测点名称】【监测点编号】，选择【经度】【纬度】【开始时间】【结束时间】，周边环境还需选择【监测类型】。点击【新增标准】弹出新增标准页面，新增标准成功后，点击【提交】按钮回到新增监测点页面，在此页面确定填写完全部信息后，点击【立即提交】按钮即可。这三类监测点的新增页面类似，如图 12-6、图 12-7 所示。

图 12-6　新增周边环境监测点信息

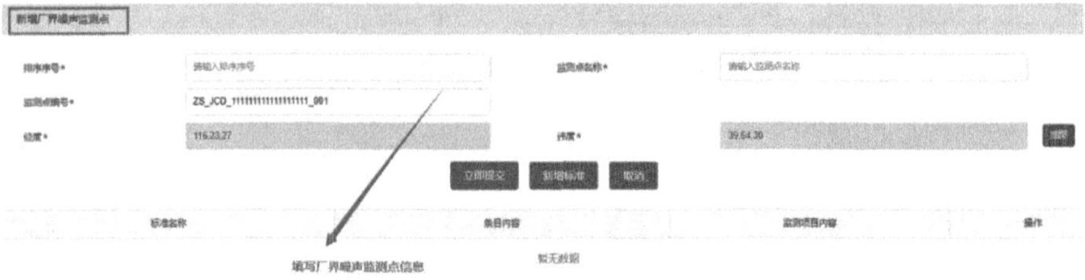

图 12-7　新增厂界噪声监测点信息

（2）添加周边环境和厂界噪声监测项目

一个监测点可能有多个监测项目，在添加完【监测点】之后，点击【增加项目】，弹出监测项目新增页面，录入相关信息，如图 12-8 所示。

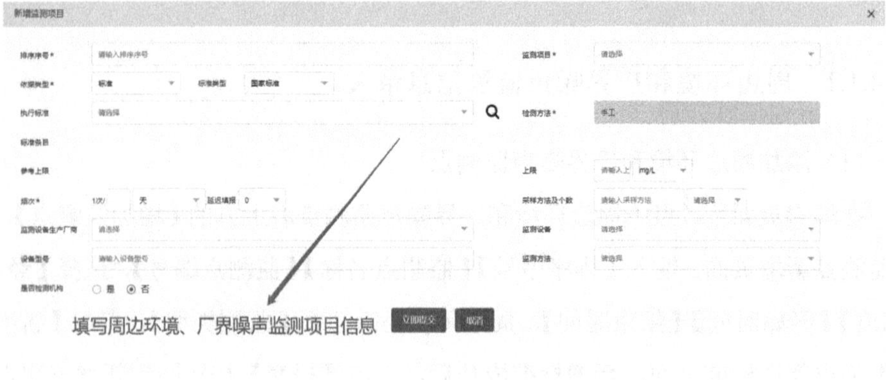

图 12-8　新增监测项目信息

（3）修改周边环境和厂界噪声监测信息项目

修改周边环境和厂界噪声监测点、监测项目时，点击相应的名称，即可进入修改页面，修改过程可参照本小节的第 1 部分、第 2 部分的新增过程，如图 12-9 所示。

图 12-9　修改监测项目信息

（4）删除周边环境和厂界噪声监测信息项目

删除周边环境和厂界噪声监测点、监测项目时，点击相应名称右侧的【删除】按钮即可，如图 12-10 所示。

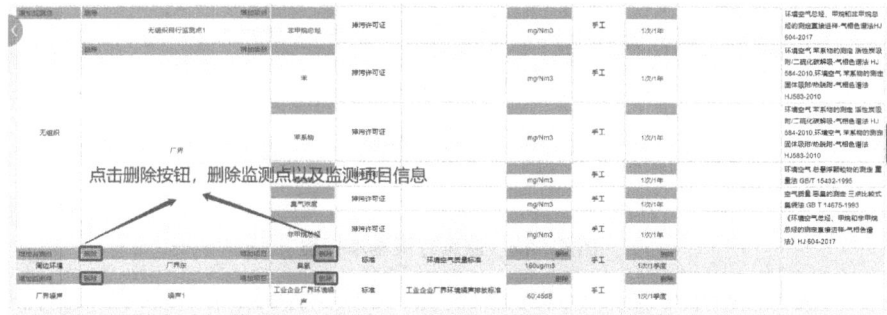

图 12-10　删除监测项目信息

12.4.1.2　完成监测方案

周边环境和厂界噪声监测信息录入完成后，点击页面上的【保存成方案】按钮，会弹出新建监测方案页面，输入【方案名称】【方案版本】等，选择【公开开始时间】【公开结束时间】【编制日期】，上传【单位平面图】【监测点位示意图】，设置方案开始执行时间，最后可点击【暂存】或者【生成正式方案】按钮，如图 12-11、图 12-12 所示。

图 12-11　监测方案内容

图 12-12　监测方案基本信息

12.4.1.3　监测方案管理

用户在系统主界面进入"数据采集"→"企业信息填报"→"监测方案管理"。

（1）查看

根据查询列表结果，点击每条数据右侧的查看 🔍 按钮，即可查看方案的部分信息，如图 12-13 所示。

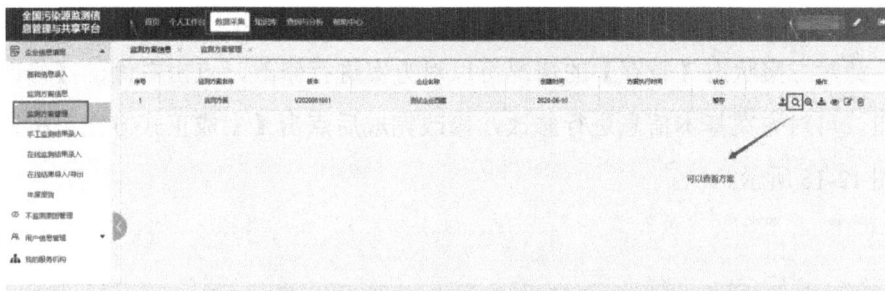

图 12-13　查看监测方案位置

　　进入监测方案查看信息页面后，点击右下方的【查看详情】按钮，即可查看相应的详细信息，如图 12-14、图 12-15 所示。

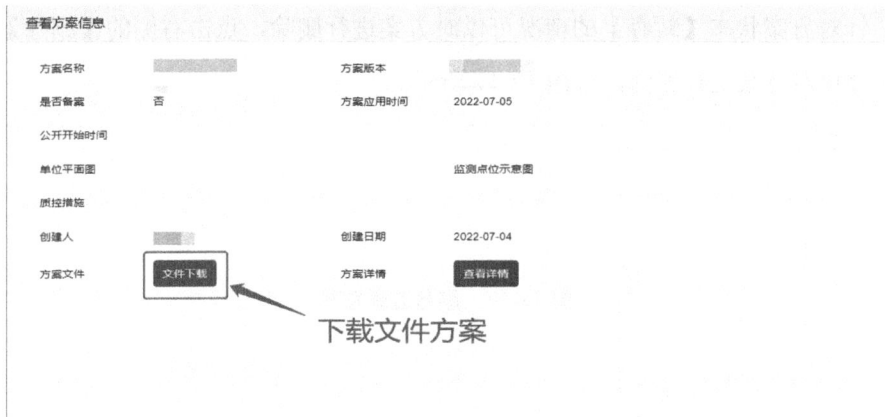

图 12-14　监测方案下载与查看

图 12-15　监测方案内容查看

（2）修改

针对方案状态【暂存】的情况可以对方案进行修改，点击右侧的【修改】按钮，可对方案基本信息进行修改，修改完成后点击【生成正式方案】按钮，如图 12-16 所示。

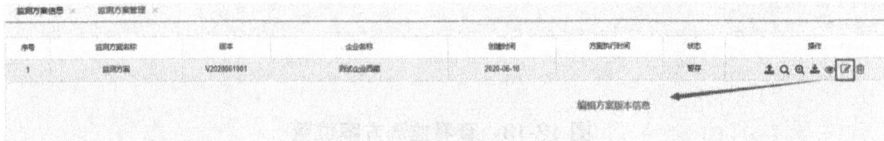

图 12-16　监测方案修改

（3）删除

针对方案状态【暂存】的情况可以对方案进行删除，点击右侧的【删除】按钮，即可对方案进行删除，如图 12-17 所示。

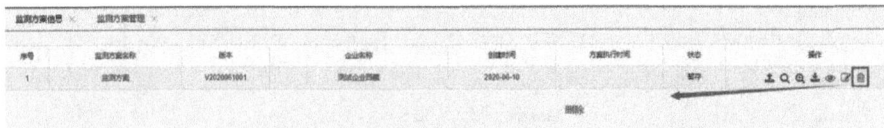

图 12-17　删除监测方案

12.4.2　监测数据录入

填报账户登录系统进入主界面"数据采集"——→"企业信息填报"→"手工监测结果录入"。到达自主设定的方案开始执行时间后，方案正式生效，可针对监测项目录入手工监测结果。

（1）录入手工监测结果

针对相应监测项目，选择需要录入手工监测结果的采样日期，"黄色"代表未填报完成，"绿色"代表填报完成，"橘色"代表未填报完成且超期，"红色矩形框"代表有超标数据，如图 12-18 所示。

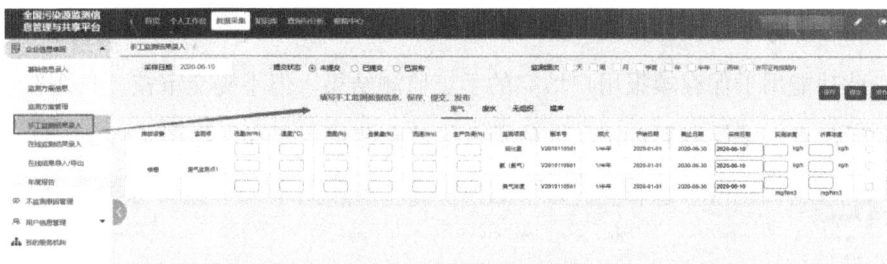

图 12-18　手工监测结果录入

企业选择完填报日期后，可选择不同的提交状态：【未提交】【已提交】【已发布】，下方会有【废水】【废气】【无组织】【周边环境】【噪声】中的一项或多项。

废水录入项有【监测点】【流量】【工作负荷】【监测项目】【频次单位】【频次】【截止日期】【监测结果】【备注原因】。

废气录入项有【排放设备】【监测点】【流量】【温度】【湿度】【含氧量】【流速】【生产负荷】【监测项目】等。

无组织录入项有【监测点】【风向】【风速】【温度】【压力】【监测项目】【频次单位】【频次】等。

周边环境录入项有【环境空气监测点】【湿度】【气温】【气压】【风速】【风向】【监测项目】【频次单位】等。

若录入的监测结果浓度超过标准值，文本所在输入框会变成红色，标识结果超标，如图 12-19 所示。

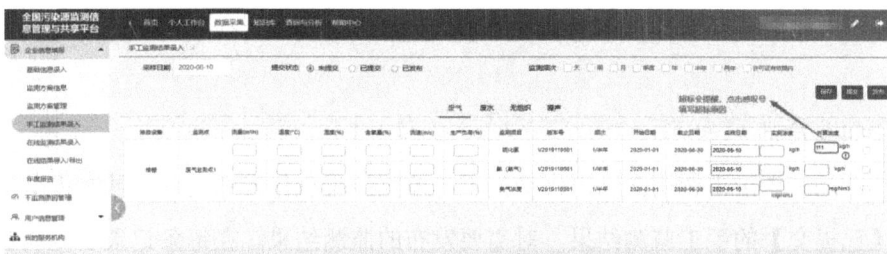

图 12-19　手工监测结果超标提醒

（2）保存手工监测结果

此功能用于保存填报用户填完的手工监测结果，但不提交审核。只需在填报信息后，点击【保存】按钮，之前录入的信息即进行保存，如图 12-20 所示。

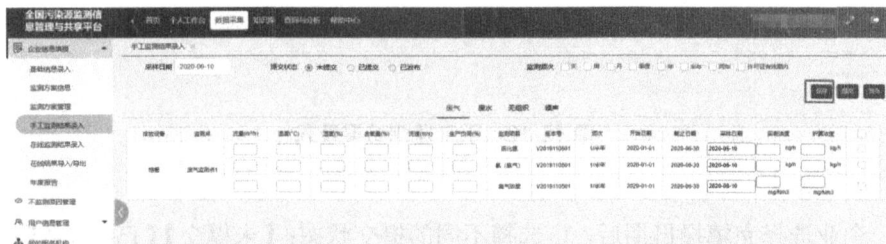

图 12-20　手工监测结果保存

（3）提交审核手工监测结果

此功能用于填报用户提交手工监测结果，针对需要提交的手工监测结果，在每条记录右侧或者全选旁的选择框 □ 下进行勾选，再点击上方的【立即提交】按钮即可，如图 12-21 所示。

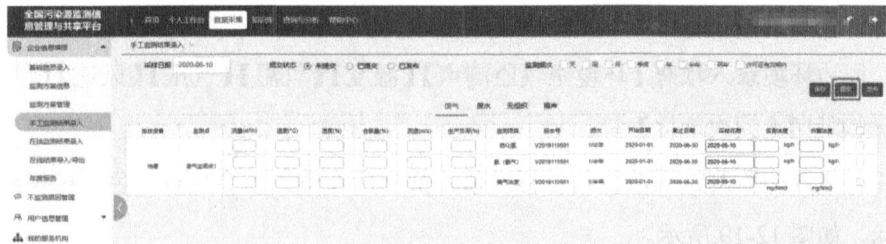

图 12-21　手工监测结果提交

（4）发布

此功能用于审核用户，对提交的手工监测结果进行发布处理。针对提交状态为【已提交】的手工监测结果，对需要发布的监测结果，在每条记录右侧或者全选旁的选择框 □ 下进行勾选，然后点击【发布】按钮对其进行发布，如图 12-22 所示。

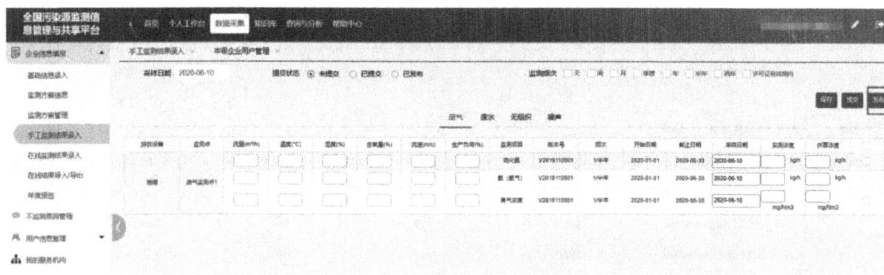

图 12-22　手工监测结果发布

（5）修改已发布数据

填报用户可以对已发布的手工监测数据进行修改，点击结果数据记录右侧的修改按钮，修改数据信息，即可完成修改。如图 12-23 所示。

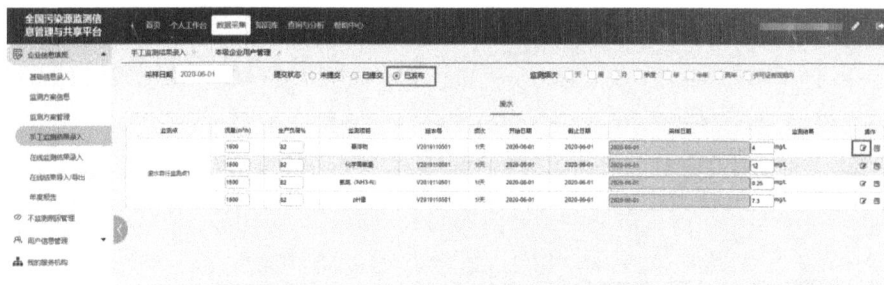

图 12-23　修改已发布手工监测结果

12.4.3　监测数据信息公开

审核用户对提交的手工监测结果进行发布处理后的次日，全国排污许可证管理信息平台公开自行监测手工数据。信息公开内容条目分为废气、废水、无组织、周边环境和厂界噪声，具体内容包括企业名称、监测点名称、项目名称、采样/监测时间、浓度等，如图 12-24 所示。

自行监测信息

监测时间　2022　▼

废气　废水　无组织　周边环境　噪声

企业名称	监测点名称	项目名称	实测浓度	折算浓度	采样时间	监测项目单位
	废气监测点1(DA008)	氨	4.19	4.08	2022-01-17	mg/Nm3
	废气监测点1(DA008)	氯化氢	9.29	9.04	2022-01-17	mg/Nm3
	废气监测点1(DA008)	氟化氢	0.66	0.64	2022-01-17	mg/Nm3
	废气监测点1(DA008)	汞及其化合物	0	0	2022-01-17	mg/Nm3
	废气监测点1(DA008)	铊、镉、铅、砷及其化合物	0	0	2022-01-17	mg/Nm3

图 12-24　自行监测手工数据结果信息公开

附　录

附录 1

排污单位自行监测技术指南　总则

（HJ 819—2017）

附录 2

排污单位自行监测技术指南　水泥工业

（HJ 848—2017）

附录 3

自行监测质量控制相关模板和样表

附录 4

自行监测相关标准规范

附录 5

自行监测方案参考模板

参考文献

[1] US EPA. office of wastewater management-water permitting. Water permitting 101[EB/OL]. [2015-06-10]. http：//www. epa. gov/npdes/pubs/101pape. pdf.

[2] US EPA. office of enforcement and compliance assurance. NPDES compliance inspection manual[R]. Washington D. C.：US Environmental Protection Agency，2004.

[3] US EPA. Interim guidance for performance-based reductions of NPDES permit monitoring frequencies[EB/OL]. [2015-07-05]. http：//www. epa. gov/npdes/pubs/perf-red. pdf.

[4] US EPA. NPDES permit writers' manual[S]. Washington D. C. ：US EPA，2010.

[5] UK EPA. Monitoring discharges to water and sewer：M18 guidance note[EB/OL]. [2017-06-05]. https：//www.gov.uk/government/publications/m18-monitoring-of-discharges-to-water-and-sewer.

[6] 常杪，冯雁，郭培坤，等. 环境大数据概念、特征及在环境管理中的应用[J]. 中国环境管理，2015，7（6）：26-30.

[7] 冯晓飞，卢瑛莹，陈佳. 政府的污染源环境监督制度设计[J]. 环境与可持续发展，2017，42（4）：33-35.

[8] 刘炳江，吴险峰，环境保护部大气污染防治欧洲考察团，等. 借鉴欧洲经验加快我国大气污染防治工作步伐——环境保护部大气污染防治欧洲考察报告之一[J]. 环境与可持续发展，2013（5）：5-7.

[9] 姜文锦，秦昌波，王倩，等. 精细化管理为什么要总量质量联动？——环境质量管理的国际经验借鉴[J]. 环境经济，2015（3）：16-17.

[10]　罗毅. 环境监测能力建设与仪器支撑[J]. 中国环境监测，2012，28（2）：1-4.

[11]　罗毅. 推进企业自行监测　加强监测信息公开[J]. 环境保护，2013，41（17）：13-15.

[12]　钱文涛. 中国大气固定源排污许可证制度设计研究[D]. 北京：中国人民大学，2014.

[13]　曲格平. 中国环境保护四十年回顾及思考（回顾篇）[J]. 环境保护，2013（10）：10-17.

[14]　宋国君，赵英煦. 美国空气固定源排污许可证中关于监测的规定及启示[J]. 中国环境监测，2015，31（6）：15-21.

[15]　孙强，王越，于爱敏，等. 国控企业开展环境自行监测存在的问题与建议[J]. 环境与发展，2016，28（5）：68-71.

[16]　谭斌，王丛霞. 多元共治的环境治理体系探析[J]. 宁夏社会科学，2017（6）：101-103.

[17]　唐桂刚，景立新，万婷婷，等. 堰槽式明渠废水流量监测数据有效性判别技术研究[J]. 中国环境监测，2013，29（6）：175-178.

[18]　王军霞，陈敏敏，穆合塔尔·古丽娜孜，等. 美国废水污染源自行监测制度及对我国的借鉴[J]. 环境监测管理与技术，2016，28（2）：1-5.

[19]　王军霞，陈敏敏，唐桂刚，等. 我国污染源监测制度改革探讨[J]. 环境保护，2014，42（21）：24-27.

[20]　王军霞，陈敏敏，唐桂刚，等. 污染源，监测与监管如何衔接？——国际排污许可证制度及污染源监测管理八大经验[J]. 环境经济，2015（Z7）：24.

[21]　王军霞，唐桂刚，景立新，等. 水污染源五级监测管理体制机制研究[J]. 生态经济，2014，30（1）：162-164，167.

[22]　王军霞，唐桂刚. 解决自行监测"测""查""用"三大核心问题[J]. 环境经济，2017（8）：32-33.

[23]　薛澜，张慧勇. 第四次工业革命对环境治理体系建设的影响与挑战[J]. 中国人口·资源与环境，2017，27（9）：1-5.

[24]　张紧跟，庄文嘉. 从行政性治理到多元共治：当代中国环境治理的转型思考[J]. 中共宁波市委党校学报，2008，30（6）：93-99.

[25]　张静，王华. 火电厂自行监测现状及建议[J]. 环境监控与预警，2017，9（4）：59-61.

[26] 张伟，袁张燊，赵东宇. 石家庄市企业自行监测能力现状调查及对策建议[J]. 价值工程，2017，36（28）：36-37.

[27] 张秀荣. 企业的环境责任研究[D]. 北京：中国地质大学，2006：21-26.

[28] 赵吉睿，刘佳泓，张莹，等. 污染源 COD 水质自动监测仪干扰因素研究[J]. 环境科学与技术，2016，39（S1）：299-301，314.

[29] 左航，杨勇，贺鹏，等. 颗粒物对污染源 COD 水质在线监测仪比对监测的影响[J]. 中国环境监测，2014，30（5）：141-144.

[30] 王军霞，唐桂刚，赵春丽. 企业污染物排放自行监测方案设计研究——以造纸行业为例[J]. 环境保护，2016，44（23）：45-48.

[31] 张静，王华. 火电厂自行监测关键问题研究[J]. 环境监测管理与技术，2017，29（3）：5-7.

[32] 王娟，余勇，张洋，等. 精细化工固定源废气采样时机的选择探讨[J]. 环境监测管理与技术，2017，29（6）：58-60.

[33] 尹卫萍. 浅谈加强环境现场监测规范化建设[J]. 环境监测管理与技术，2013，25（2）：1-3.

[34] 成钢. 重点工业行业建设项目环境监理技术指南[M]. 北京：化学工业出版社，2016：442-443.

[35] 杨驰宇，滕洪辉，于凯，等. 浅论企业自行监测方案中执行排放标准的审核[J]. 环境监测管理与技术，2017，29（4）：5-8.

[36] 王亘，耿静，冯本利，等. 天津市恶臭投诉现状与对策建议[J]. 环境科学与管理，2008，33（9）：49-52.

[37] 邬坚平，钱华. 上海市恶臭污染投诉的调查分析[J]. 上海市环境科学，2003（增刊）：85-189.

[38] 张旭东. 工业有机废气污染治理技术及其进展探讨[J]. 环境研究与监测，2005，18（1）：24-26.

[39] 王宝庆，马广大，陈剑宁. 挥发性有机废气净化技术研究进展[J]. 环境污染治理技术与设备，2003，4（5）：47-51.

[40] 陈平，陈俊. 挥发性有机化合物的污染控制[J]. 石油化工环境保护，2006，29（3）：20-23.

[41] 吕唤春，潘洪明，陈英旭. 低浓度挥发性有机废气的处理进展[J]. 化工环保，2001，21（6）：324-327.

[42] 杨啸，王军霞. 排污许可制度实施情况监督评估体系研究[J]. 环境保护科学，2021，47（1）：10-14.

[43] 王军霞，刘通浩，敬红，等. 支撑排污许可制度的固定源监测技术体系完善研究[J]. 中国环境监测，2021，37（2）：76-82.

[44] 郭杨，金福杰，王仁日，等. 水泥工业废气污染物自行监测中的问题探讨[J]. 科技创新与应用，2017（11）：160.

[45] 金福杰. 水泥工业企业自行监测现状调查研究[J]. 环境保护与循环经济，2018（4）：66-67，87.

[46] 金福杰. 水泥工业自行监测方案的设计研究[J]. 环境保护科学，2018（2）：61-64.

[47] 王宝明，姜玉亭，等. 水泥窑协同处置城市生活垃圾技术及其在我国的应用现状[J]. 水泥工程，2014（4）：74-78.

[48] 高长明. 对我国水泥窑协同处置废弃物技术发展的反思与建议[J]. 新世纪水泥导报，2018（3）：1-4，6.

[49] 戴佳佳. 水泥窑协同处置危险废物企业自行监测方案设计[J]. 新世纪水泥导报，2018（3）：5-10.

[50] 刘清云，付明伟，等. 水泥行业碳排放管理制度与排污许可制的比较[J]. 云南化工，2021，48（10）：143-146.

[51] 中国建筑材料联合会. 2023年水泥行业经济运行形势分析[J]. 中国建材，2024（3）：62-65.

[52] 李建军. 当前国内水泥市场面临的挑战与机遇[J]. 水泥工程，2024（4）：1-4.